U0286248

变革性光科学与技术丛书

国家出版基金项目
NATIONAL PUBLICATION FOUNDATION

"十三五"国家重点
图书出版规划项目

Design, Manufacture and
Test of Conformal Optical System
with Special Dome

含特殊整流罩的共形光学系统
设计、加工和检测

常军 胡瑶瑶 沈本兰 刘鑫 曹佳静 著

清华大学出版社
北京

内 容 简 介

目前飞行器成像光学系统的主要矛盾是如何在满足空气动力学性能的同时提升系统的成像质量,对此,共形光学系统的研究有着重要的应用价值。本书以共形整流罩为主要研究对象,在光学设计的基础上,结合当代超精密加工技术和检测技术,详尽地介绍了共形整流罩的关键问题和解决手段。本书对共形光学系统的发展现状及存在问题进行了探讨,还详细阐述了共形整流罩的像差理论,并结合像差理论介绍了含同轴、离轴的整流罩共形光学系统设计方法,共形光学系统动态像差校正技术以及共形整流罩的加工和检测技术。本书在介绍理论和实例时,适时加入了作者的理解,希望通过理论结合实践,将共形光学系统技术的各个方面展示给读者。本书的初衷是借此抛砖引玉,带动更多相关技术的发展和创新。

本书适合具有一定光学知识基础的读者阅读。也适合研究生、高年级本科生和企业设计与研发岗位上的技术人员,以及参加社会培训和准备提高自身专业技能的人员学习使用。

版权所有,侵权必究。举报: 010-62782989,beiqinquan@tup.tsinghua.edu.cn。

图书在版编目(CIP)数据

含特殊整流罩的共形光学系统设计、加工和检测/常军等著.—北京:清华大学出版社,2021.7
(变革性光科学与技术丛书)
ISBN 978-7-302-58582-4

Ⅰ. ①含… Ⅱ. ①常… Ⅲ. ①整流罩－光学系统－系统设计 ②整流罩－光学系统－加工 ③整流罩－光学系统－检测 Ⅳ. ①V223

中国版本图书馆 CIP 数据核字(2021)第 131375 号

责任编辑:鲁永芳
封面设计:意匠文化·丁奔亮
责任校对:赵丽敏
责任印制:沈 露

出版发行:清华大学出版社
　　　　网　　　址:http://www.tup.com.cn,http://www.wqbook.com
　　　　地　　　址:北京清华大学学研大厦 A 座　　　邮　　编:100084
　　　　社 总 机:010-62770175　　　　　　　　　邮　　购:010-62786544
　　　　投稿与读者服务:010-62776969,c-service@tup.tsinghua.edu.cn
　　　　质量反馈:010-62772015,zhiliang@tup.tsinghua.edu.cn
印 装 者:北京雅昌艺术印刷有限公司
经　　销:全国新华书店
开　　本:170mm×240mm　　印　张:16　　　　　字　　数:303 千字
版　　次:2021 年 9 月第 1 版　　　　　　　　　印　　次:2021 年 9 月第 1 次印刷
定　　价:149.00 元

产品编号:090823-01

丛书编委会

主　编

　　罗先刚　中国工程院院士,中国科学院光电技术研究所

编　委

　　周炳琨　中国科学院院士,清华大学

　　许祖彦　中国工程院院士,中国科学院理化技术研究所

　　杨国桢　中国科学院院士,中国科学院物理研究所

　　吕跃广　中国工程院院士,中国北方电子设备研究所

　　顾　敏　澳大利亚科学院院士、澳大利亚技术科学与工程院院士、
　　　　　　中国工程院外籍院士,皇家墨尔本理工大学

　　洪明辉　新加坡工程院院士,新加坡国立大学

　　谭小地　教授,北京理工大学、福建师范大学

　　段宣明　研究员,中国科学院重庆绿色智能技术研究院

　　蒲明博　研究员,中国科学院光电技术研究所

丛书序

　　光是生命能量的重要来源,也是现代信息社会的基础。早在几千年前人类便已开始了对光的研究,然而,真正的光学技术直到 400 年前才诞生,斯涅耳、牛顿、费马、惠更斯、菲涅耳、麦克斯韦、爱因斯坦等学者相继从不同角度研究了光的本性。从基础理论的角度看,光学经历了几何光学、波动光学、电磁光学、量子光学等阶段,每一阶段的变革都极大地促进了科学和技术的发展。例如,波动光学的出现使得调制光的手段不再限于折射和反射,利用光栅、菲涅耳波带片等简单的衍射型微结构即可实现分光、聚焦等功能;电磁光学的出现,促进了微波和光波技术的融合,催生了微波光子学等新的学科;量子光学则为新型光源和探测器的出现奠定了基础。

　　伴随着理论突破,20 世纪见证了诸多变革性光学技术的诞生和发展,它们在一定程度上使得过去 100 年成为人类历史长河中发展最为迅速、变革最为剧烈的一个阶段。典型的变革性光学技术包括激光技术、光纤通信技术、CCD 成像技术、LED 照明技术、全息显示技术等。激光作为美国 20 世纪的四大发明之一(另外三项为原子能、计算机和半导体),是光学技术上的重大里程碑。由于其极高的亮度、相干性和单色性,激光在光通信、先进制造、生物医疗、精密测量、激光武器乃至激光核聚变等技术中均发挥了至关重要的作用。

　　光通信技术是近年来另一项快速发展的光学技术,与微波无线通信一起极大地改变了世界的格局,使"地球村"成为现实。光学通信的变革起源于 20 世纪60 年代,高琨提出用光代替电流,用玻璃纤维代替金属导线实现信号传输的设想。1970 年,美国康宁公司研制出损耗为 20 dB/km 的光纤,使光纤中的远距离光传输成为可能,高琨也因此获得了 2009 年的诺贝尔物理学奖。

　　除了激光和光纤之外,光学技术还改变了沿用数百年的照明、成像等技术。以最常见的照明技术为例,自 1879 年爱迪生发明白炽灯以来,钨丝的热辐射一直是最常见的照明光源。然而,受制于其极低的能量转化效率,替代性的照明技术一直是人们不断追求的目标。从水银灯的发明到荧光灯的广泛使用,再到获得 2014 年诺贝尔物理学奖的蓝光 LED,新型节能光源已经使得地球上的夜晚不再黑暗。另外,CCD 的出现为便携式相机的推广打通了最后一个障碍,使得信息社会更加丰富多彩。

20世纪末以来,光学技术虽然仍在快速发展,但其速度已经大幅减慢,以至于很多学者认为光学技术已经发展到瓶颈期。以大口径望远镜为例,虽然早在1993年美国就建造出10 m口径的"凯克望远镜",但迄今为止望远镜的口径仍然没有得到大幅增加。美国的30 m望远镜仍在规划之中,而欧洲的OWL百米望远镜则由于经费不足而取消。在光学光刻方面,受到衍射极限的限制,光刻分辨率取决于波长和数值孔径,导致传统i线(波长为365 nm)光刻机单次曝光分辨率在200 nm以上,而每台高精度的193光刻机成本达到数亿元人民币,且单次曝光分辨率也仅为38 nm。

在上述所有光学技术中,光波调制的物理基础都在于光与物质(包括增益介质、透镜、反射镜、光刻胶等)的相互作用。随着光学技术从宏观走向微观,近年来的研究表明:在小于波长的尺度上(即亚波长尺度),规则排列的微结构可作为人造"原子"和"分子",分别对入射光波的电场和磁场产生响应。在这些微观结构中,光与物质的相互作用变得比传统理论中预言的更强,从而突破了诸多理论上的瓶颈难题,包括折反射定律、衍射极限、吸收厚度-带宽极限等,在大口径望远镜、超分辨成像、太阳能、隐身和反隐身等技术中具有重要应用前景。譬如,基于梯度渐变的表面微结构,人们研制了多种平面的光学透镜,能够将几乎全部入射光波聚集到焦点,且焦斑的尺寸可突破经典的瑞利衍射极限,这一技术为新型大口径、多功能成像透镜的研制奠定了基础。

此外,具有潜在变革性的光学技术还包括量子保密通信、太赫兹技术、涡旋光束、纳米激光器、单光子和单像元成像技术、超快成像、多维度光学存储、柔性光学、三维彩色显示技术等。它们从时间、空间、量子态等不同维度对光波进行操控,形成了覆盖光源、传输模式、探测器的全链条创新技术格局。

值此技术变革的肇始期,清华大学出版社组织出版"变革性光科学与技术丛书",是本领域的一大幸事。本丛书的作者均为长期活跃在科研第一线,对相关科学和技术的历史、现状和发展趋势具有深刻理解的国内外知名学者。相信通过本丛书的出版,将会更为系统地梳理本领域的技术发展脉络,促进相关技术的更快速发展,为高校教师、学生以及科学爱好者提供沟通和交流平台。

是为序。

罗先刚

2018年7月

序

  随着科技的发展，无论是生活形态还是战争形态都在由机械化向信息化转型，信息化建设已成为未来建设的重点。如今的飞行器在高速飞行的过程中需要实时获得目标的位置信息，不断修正自身的飞行姿态，实现对目标的精确打击。导引头是精确制导的核心组件，用于实现目标的识别和跟踪，并给出制导所需的控制信号。导引头由探测系统和相应的电子组件构成，其中探测系统由整流罩和成像系统（共形光学）组成，其性能决定了导引头的空间分辨率和目标搜索范围。我很高兴看到有这样一本书可以针对这一重要分支做出较详细的介绍。

  传统的整流罩大多采用半球形结构，这种结构设计简单，易加工且成像性能良好，在采用扫描方式工作时，半球形整流罩产生的像差较稳定。然而半球形整流罩空气阻力系数大，使得窗口气动加热严重，对光学系统成像质量和性能带来很大的影响，严重影响载荷系统的整体性能，无法满足高速、远射程等飞行器对速度、隐身能力等的要求，成为制约飞行器性能的因素之一。随着超精密加工技术的发展，使得非球面、自由曲面等光学元件的加工成为可能。整流罩的设计也不再局限于传统的平面和球面，书中提出的基于特殊结构形式整流罩的共形光学技术，通过采用符合空气动力学性能的外形可明显降低飞行器的空气阻力，提升飞行速度，增大飞行距离，减弱自身雷达反射截面信号，大幅提升光电载荷的环境适应能力。

  本书是作者及其实验室团队近 10 年来在共形光学系统方面研究成果和经验的总结，系统、全面地阐述了共形整流罩的像差理论、设计方法、加工及检测技术，体现了作者的探索与创新。本书融科学性、指导性、实用性、可操作性为一体，内容丰富，新颖先进，基础理论和技术实践相结合，对从事共形光学设计、加工和测量技术的技术人员大有裨益。

中国工程院院士　姜会林

2021. 1. 19

前　言

共形光学系统的研究在飞行器方面有着重要的应用价值。飞行器技术研究应用的一个重要方向是军事领域,以军事运输、精确跟踪和打击为目的。用于飞行器成像的光学系统一般由光学整流罩、成像系统、探测器以及后续姿态控制装置组成。光学整流罩有两个作用:一是保护内部系统免受外界环境的干扰;二是使系统的空气动力学性能满足现有环境下的应用,提升系统的飞行速率和飞行距离。通常情况下,这两方面是相互矛盾的,不能同时提升。

传统的高速飞行器一般采用球形整流罩,其光学系统设计和制造相对简单,但高速飞行时会产生较大的阻力,严重影响飞行速度和射程。为了解决这个问题,"共形光学"概念应运而生。使系统拥有"共形光学"优越的空气动力学性能的同时不引入过多的像差,并使系统的成像质量也保持在一个较高水平。相对于传统的球形整流罩,共形整流罩采用的是流线型曲面,能够有效克服上述缺点,具有良好的气动性能、雷达散射截面小、改善飞行器头部的热流特性等一系列优点。这些优点对于高速飞行器军事性能的提高有着重大意义,逐渐成为近几年来国内外众多科研单位竞相研究的课题。

共形光学系统与传统光学系统的差别主要表现在以下几个方面:

(1)共形光学研究的是特殊的光学窗口,它能与系统平台的外形轮廓实现平滑吻合,提高系统空气动力学性能,共形光学技术使光学窗口形状突破传统光学的限制;

(2)共形光学表面具有很高的自由性,可以是圆柱面、圆锥面或尖顶形状等任意组合出的自由曲面,也可以是共轴的,例如尖拱形导弹整流罩,还可以是离轴的,比如自由形态的机翼;

(3)共形光学系统中光学元件的加工不只是传统的粗磨、精磨和抛光工艺,还需要用先进的非球面镜面型加工、检测技术;

(4)离轴光学元件不具有几何轴的特性,且移动变化时产生了多种不同的离轴像差,依靠原来的同轴调整技术已经难以确保新系统的精度,需要进一步研究此类系统的计算机立体辅助装调技术。

本书以共形光学系统为主要研究背景,在光学设计的基础上,结合当代超精密加工和检测技术的国内外最新发展动态,细致而详尽地介绍了共形光学系统的关键问题和解决手段。本书在对共形光学系统的产生背景、发展现状及存在问题进行介绍的基础上,详细阐述了共形光学系统的像差理论,并结合像差理论循序渐进、由浅入深地介绍了同轴共形光学系统及离轴共形光学系统的设计方法。同时根据实际情况,分别阐述了共形光学系统动态像差校正技术、共形光学系统的加工和检测方法等。

作者先后承担过多项研究项目,如国家"863"计划、国家自然科学基金项目、中国航天科技集团航天基金项目等,并指导多名博士研究生与硕士研究生顺利毕业。为了方便大家系统地了解共形光学系统的基础理论、设计及加工检测方法,作者以近 10 年的科研与教学经验为基础,撰写了本书。本书涉及的内容属于目标跟踪的热点与瓶颈,符合科学发展与国内科研、生产的需求。

本书全面讲解了共形光学系统的基础理论及工程设计、加工检测方法,内容循序渐进、覆盖全面,采用了以实例推动基础知识讲解的写作方式,可帮助读者直观地了解共形光学系统的设计技巧,回避了枯燥的基础知识讲解,力求快速提高读者工程应用的能力。

在此,要特别感谢我的两位导师——中国工程院院士、长春理工大学的姜会林教授和中国科学院长春光学精密机械与物理研究所的翁志成研究员的谆谆教导,促使我们始终坚持此方向的研究。衷心感谢中国科学院光学系统先进制造技术重点实验室和北京理工大学光电学院的同事、朋友和学生的帮助,感谢张运强、徐况、张正慧、何伍斌、宋大林、冯萍、李衍璋、冯帅、钟乐、穆郁、郭雨桐、许祥馨、石鑫鑫、田江宇、赵雪惠、杜杉、黄翼、张文超等同学为本书所做的重要贡献。

由于作者水平有限,书中难免存在不足之处,欢迎广大读者对本书提出意见和建议。

作　者

2021 年 1 月

目　录

共形光学系统概述

1.1　共形光学的概念

1.1.1　共形光学应用背景

自 20 世纪精确制导武器首次应用于战争以来,精确制导武器和制导技术已经在战争中发挥着举足轻重的作用。随着信息化战争的不断深入,作战环境和作战使命的日益复杂化,精确制导武器的开发与应用越来越受到国内外的重视,并且成为各国军事发展的重点[1]。

早期的制导技术主要包括雷达、激光、电视制导,随着红外技术的发展,出现了红外非成像制导技术。以上这些制导方法都很容易受环境影响且抗干扰能力差。近年来发展起来的红外成像制导技术很大程度上改善了这些缺陷,利用红外探测器捕获和跟踪目标自身辐射的能量来寻的制导,具有高精度、高灵敏度、高分辨率、抗干扰能力强、可自动识别目标、跟踪隐蔽性优良、可昼夜工作等特点。因此,红外成像制导技术迅猛发展,已然成为各国军事发展的重点,随着信息化战争的需要,红外成像精确制导武器的优势更加凸显[2-3]。

在一个红外成像飞行器中,位于最前端的部分称为光学整流罩,它把大气环境和光电系统隔离开来,保护内部的光学系统不受外部环境的破坏;同时它也是光学成像系统的一部分,能够保证较好的光学成像质量以捕获或跟踪目标[4]。

在飞行器高速飞行的过程中,由于整流罩要承受很大的气动压力、摩擦产生的高热以及外部雨水等的腐蚀,光学整流罩的材料要具有良好的光学、机械、热学性能。随着红外成像制导武器速度的不断提高,射程变得更远,尤其是在超音速飞行时,飞行器的空气动力学性能就显得尤为重要。这就要求处于飞行器最前端的整流罩除了具有良好的光学、机械、热学性能,还要具有良好的气动性能。因此,整流罩的外形设计既要保证弹体所受的气动阻力最小及气动加热最低,又要满足隐身要求,使雷达散射面积最小。

传统飞行器的光学窗口和整流罩的形状一般为半球形。球面整流罩光学系统的设计和分析相对简单,加工工艺和检测技术已经很成熟,因此球形整流罩的应用十分广泛。但是在高速飞行(马赫数超过 1)时,球形整流罩产生很大的阻力,极大地限制了飞行器的飞行速度;同时产生很高的热效应,严重影响图像质量。随着科技的不断进步,现代战争要求制导武器向高速、高精度、远程化方向发展,传统球形整流罩已经无法满足现代军事的发展需求,因此人们提出了共形光学的概念。

1.1.2 共形光学的概念及性质

研究共形光学元件(整流罩)和其后的光学系统的科学称为共形光学[5]。共形光学表示光学系统与窗口整流罩一体化,目标在于提高系统的空气动力学性能。共形光学研究的是一个特殊的光学窗口,它能与系统平台的外形轮廓实现平滑连接,如图 1.1 所示[6],使光学窗口的形状突破传统光学的限制,从而提高武器系统的空气动力学性能。过去人们很少从空气动力学的角度考虑导弹整流罩的优化设计,当导弹以极高速度飞行时会遇到空气阻力的问题,此时球形整流罩并不是最佳方案,而位于导弹前端的共形光学窗口更能符合空气动力学的要求:减小空气阻力、提高飞行速度、扩大打击范围、提高飞行器生存率、减少航空器与空气阻力摩擦而产生的热量、避免产生过大的红外辐射使探测器过载、避免红外传感器成像模糊。因此,新型导弹的设计并不能只单纯地从光学成像的角度考虑,同时也要考虑空气动力学等因素。这就使得对共形光学系统的研究成为当前的一个研究热点。

图 1.1 氮氧化铝(AlON)陶瓷共形整流罩[6]

共形光学采用的前端整流罩能够与后端系统外形轮廓平滑过渡,在提高系统空气动力学性能的同时,校正由不规则流线形整流罩引入的各种像差,保证系统的成像性能。共形光学表面具有很高的自由性,可以是圆柱面、圆锥面和尖顶形状等任意组合出的自由曲面。共形光学有共轴的(第 3 章将详细介绍),如尖拱形导弹整流罩；还有离轴的(第 4 章将详细介绍)，如自由形态的机翼。

共形整流罩具有优越的空气动力学性能，随着长径比(整流罩类光学窗口纵向长度与口径之比)的增加，共形光学元件引起的阻力会随之大大减小，椭球形整流罩的空气阻力与长径比关系如图 1.2 所示。因此，使用共形光学的飞行器在高速飞行时可大大减小空气阻力，从而增加飞行器的行程，提高速度，缩短飞行时间，而这三项指标的改变将会使飞行器发生革命性变化[7]。

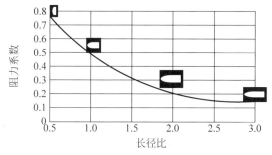

图 1.2　空气阻力与长径比关系

共形整流罩可使雷达横截面大大减小。传统的技术是使用拼接窗口来实现光电传感器与尖端飞行器的轮廓相匹配，而这些拼接元件基本为平板[8]。由此产生的问题包括：存在大量光学衍射致使光学调制传递函数(modulation transfer function，MTF)降低，元件间隙中的热梯度出现断点，接缝处易损坏、接缝及与窗口的连接处射频分散。使用共形整流罩[9]可以使上述缺陷得到明显改善。

共形光学可提高光学系统的成像质量。共形光学的 MTF 不受窗口接缝中断处的影响，共形窗口也不会在热梯度中产生断点，这就使共形光学具有十分优越的 MTF 性能。共形窗口与飞行器轮廓间的接缝十分少，并且共形整流罩能够减小空气阻力，减少飞行器周围的空气扰动场，因此能增大传感器的视场角，增大飞行器上能够安装传感器的范围。

此外，采用共形整流罩的光学系统可实现更大的无渐晕跟踪场，实现大于±90°的跟踪场，如图 1.3 所示。这对于实现导弹的越肩发射具有重要的工程应用价值。

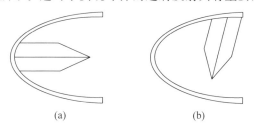

(a)　　　　　　　　　　(b)

图 1.3　共形整流罩实现无渐晕大视场系统示意图

(a) 0°视场搜索、跟踪；(b) 大于 90°视场搜索、跟踪

综上所述,共形光学系统在减小空气阻力、降低气动加热效应上有着球形整流罩不可比拟的优势。然而,共形整流罩在采用二次曲面设计代替球面降低阻力的同时,引入了随着视场变化的非轴对称像差,这一系列问题对共形光学系统设计、共形整流罩的加工和检测都带来巨大的挑战,成为制约共形光学发展的关键问题。

1.2 共形光学的发展现状

1.2.1 共形光学研究现状

国际上,美国最早开始进行共形光学的研究。1996 年,在美国国防部高级研究计划局(Defense Advanced Research Projects Agency,DARPA)资助下,由政府、学术机构以及企业组成精密光学技术联盟(PCOT),共同致力于提供成像质量优良的低成本共形光学系统解决方案。该联盟组织包括亚利桑那大学光学研究中心(University of Arizona,College of Optical Science)、罗切斯特大学光学制造中心(University of Rochester,Center for Optics Manufacturing,COM)、雷神公司(Raytheon Company)、波音公司(Boeing Company)、罗切斯特光子公司(Rochester Photonics Company)、光学研究学会以及辛克莱光学(Sinclair Optics)等。PCOT 研究各种受益于共形光学方案的寻的导引及机载系统。各成员单位提出了三种基本的共形窗口像差校正方法,使用这些方法共完成了两台样机,发表多项技术文档[10],并于 1999 年研制出了世界上第一个共形光学系统[11]。

在设计方面,布莱克·G.克劳瑟(Blake G. Crowther)对不同结构形式的整流罩引入的像差随跟踪视场的变化特性进行对比分析,并在不同跟踪视场角下,通过对整流罩的畸变波前进行泽尼克多项式(Zernike polynomial)前 16 项的分解,为共形光学系统设计打下理论基础[12]。总体来说,校正器分为两大类:固定校正器和动态校正器。

固定校正器使用如梯度折射率等材料制作的共形光学元件。亚利桑那大学的诺瓦克(Novak)讨论了共形非球面的波前变形及其校正方法[13]。德州仪器公司提出一种运用沃瑟曼-沃尔夫(Wassermann-Wolf,W-W)方程组[14]生成一组非球面的理论方法,这组非球面可实现等光程条件,以消除共形整流罩引入的像差,它是固定校正器的理论基础。博伊安·A.赫里斯托夫(Boian A. Hristov)等系统论述了差分形式的 W-W 方程组[15]。

动态校正法将各种复杂的非球面光学表面应用于像差校正中,如旋转对称非球面、衍射光学元件表面、泽尼克表面、xy 自由曲面等各种高次复杂的非球面。斯科特·W.斯巴罗尔德(Scott W. Sparrold)提出用级联扫描头来校正共形导引头所引入的动态三阶像散[16]。雷神公司的迈克尔·R.沃伦(Michael R. Whalen)提出一种通过在轴向上移动一组正交的柱透镜来校正由共性导弹圆顶引入的三阶像散的方法[17]。托马斯·A.米切尔(Thomas A. Mitchell)等提出用一对轴向的相应板来作为共形光学系统的像差校正器[18]，相位板表面均为泽尼克表面，通过旋转可较正像散、彗差及高阶球差。斯巴罗尔德还提出了一种弓形校正器[7]，用来补偿共形整流罩引入的像差，弓形校正器的特点是可以作水平和竖直方向的摆动，极大地扩大了视场角。曼哈特(Manhat)和克纳普(Knapp)等进一步将泽尼克面用于可动的共形校正器[19]。库尼奇(Kunich)等垂轴移动非对称相位板来校正动态彗差以及轴向移动柱透镜校正动态像散[20]。米尔斯(Mills)和斯巴罗尔德等使用泽尼克内表面的反转累斯莱(Lesley)棱镜对进行动态像差补偿[21-23]。

　　国内对共形光学设计的相关研究起步较晚。北京理工大学光电学院较早地对共形光学系统开展了设计研究，李林教授等总结了共形光学方向的研究，介绍了共形光学设计的概念，讨论了共形光学系统的设计原理[24]。程德文等分析了球形整流罩和偏心整流罩的波像差[25]。李岩等采用一对反向旋转光楔对目标视场进行周视扫描，同时完成对共形光学整流罩引入像差的校正[26]。刘莉萍等采用基于W-W微分方程组的固定校正器设计了含共形整流罩的红外光学系统[27]，最终成像质量达到衍射极限。中国科学院长春光学精密机械与物理研究所对共形光学设计也进行了相关研究，主要局限于静态校正方法，如使用二元光学校正板以及多项式拟合 W-W 曲面。李东熙等设计了红外波段共形光学系统，并提出了整体解决方案[28-30]。

　　在加工制造方面，约翰·谢菲尔(John Schaefer)等介绍了共形整流罩加工所遇到的一些困难，如极薄半球形穿顶的无应力固定、近半球椭圆穿顶的形状验证、非球面样条的形式验证和在深凹保角形圆顶上实现表面粗糙度和形状要求等[31]。吉藤德拉·S.歌拉(Jitendra S. Goela)等提出了一种硫化锌(ZnS)整流罩的加工方法，采用可扩展的、经济有效的化学气相沉积(CVD)工艺制备了非球面形状的 ZnS 整流罩，证明了制备符合弹体形状的气动整流罩的可行性[32]。美国罗姆(Rohm)和哈斯(Haas)公司用 CVD 方法成功制造出一系列共形光学整流罩[33]。加工中，首先加工一个具有共形内表面曲线的铜基芯轴并沉积铝(Al)涂层，随后在芯轴上用 CVD 法制备 ZnS 薄膜，直到共形整流罩外表面共形曲线尺寸满足要求，然后进行芯轴抽离，最终得到满足尺寸要求的共形红外 ZnS 整流罩，其内表面粗糙度可达 $2 \sim 18$ nm，如图 1.4 所示。虽然 CVD 方法可以直接得到满足尺寸要求的整流罩，并且内表面精度很高，但此法制备的整流罩外表面仍需要二次精加工，对面型精度进行修整。而且随着对共形红外光学材料性能要求的提高，其红外材料由 ZnS 转向氟化钙(CaF_2)、氟化镁(MgF_2)等更高性能材料后，加之 CVD 法本身的局限性，此法已经不再适用。

图 1.4　CVD 法得到的芯轴和 ZnS 整流罩[33]

美国雷神公司成功加工了长径比可达 1.5 的共形红外 MgF_2 整流罩[34]。该整流罩从毛坯材料到加工完成仅用了 6 h 左右,并且最终达到表面粗糙度(Ra)为 3.5 nm。该 MgF_2 共形整流罩外表面采用电镀金刚石碟片砂轮进行超精密磨削加工,其加工全过程如图 1.5 所示;内表面采用球头金刚石砂轮进行超精密磨削加工,其加工过程及最终成型工件如图 1.6 所示。

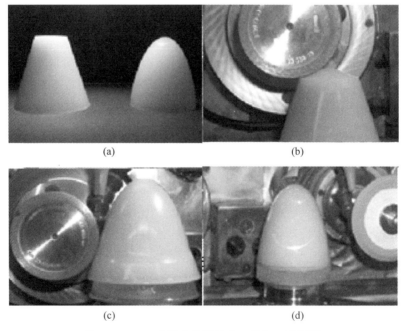

(a)　　　　　　　　　(b)

(c)　　　　　　　　　(d)

图 1.5　MgF_2 共形整流罩外表面的加工过程[34]

美国罗切斯特大学光学制造中心(COM)在超精密磨削加工技术研究领域处于世界领先水平[6]。COM 于 2004 年采用超精密磨削技术针对 AlON 红外材料加工出了长径比为 1.37 的高陡度共形红外光学整流罩。该 AlON 共形整流罩外表

图 1.6　MgF$_2$ 共形整流罩内表面加工及成品[34]

面为非球面,内表面为离轴球面,在共形整流罩顶点内外表面呈球面过渡,如图 1.7 所示。不同于 ZnS 与 MgF$_2$,AlON 具有高硬脆性,罗切斯特大学就此采用超精密磨削的方式对共形整流罩进行了加工。由于材料的高硬脆性,后续抛光处理极为困难。如图 1.8 所示为 AlON 共形整流罩内表面及外表面超精密加工过程,后续需要进行手工抛光以达到表面质量要求。

图 1.7　罗切斯特大学的超精密机床和 AlON 共形整流罩[6]

　　美国力特光电(OptiMAX)公司针对 AlON、多晶氧化铝(polycrystalline alumina,PCA)等高硬脆共形红外整流罩的抛光难问题,在雷神公司研究的基础上,设计并建立了光学元件高速抛光工艺(VIBE),并对比分析了磨削加工后的表面质量与 VIBE 预抛光后表面质量的改变情况,如图 1.8 所示。据结果估算,VIBE 可以明显改善磨削后的表面质量,大大减少高硬脆材料后续抛光的工作量,缩减抛光时间为原有时间的 1/10~1/50,每件整流罩的后续抛光时间减少 60~300 h。然而由于这种预抛光工艺存在明显的不均匀性,因此不能从根本上改善加工过程中产生的面型误差[35]。

　　摩尔纳米技术系统(Moor nanotechnology systems)的 Nanotech 500FG 自由曲面加工装置可以在多种材料上生成超精细轴对称及非轴对称表面几何形状,如图 1.9 所示[36]。可控制峰值与谷值的差值(peak to valley,PV),表面误差值为

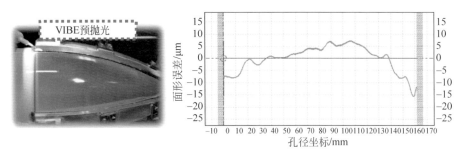

图 1.8　美国力特光电公司开发的 VIBE 预抛光工艺及结果[35]

图 1.9　Nanotech 500FG 自由曲面加工装置[36]

$0.75~\mu m$，均方根值(root mean square，RMA)，表面粗糙度为 27 Å。它可以综合运用确定性微研磨、金刚石单点车削、十字轴周边磨削、三轴光栅研磨、飞刀切削、平飞切削以及裁切等多种技术。通过使用高级控制反馈系统，所加工材料可以生成几乎不需要后期抛光的微结构表面。

　　近年来，为了解决在高硬脆共形红外整流罩加工过程中高陡度结构特性和高硬脆材料特性所带来的工具磨损严重和面型精度误差大等问题，美国奥普雷普（Optipro）公司研制了可以加工一系列新型高性能硬脆材料共形红外整流罩的加工设备，并开发了最新的超形精加工（ultraform finishing，UFF）系统。图 1.10 为在 UFF 系统中利用金刚石带进行超精密磨削，与传统金刚石砂轮磨削相比，这一改进避免了工具磨损带来的影响；如图 1.11 所示，在 UFF 系统中利用抛光带进行后续的抛光处理，这种方法得到的整流罩面型 PV 为 $8.4~\mu m$，表面粗糙度的 RMS 为 $1.89~\mu m$[37]。

　　国防科技大学是国内较早开展共形光学整流罩加工研究的单位之一。该校学者对热压多晶 MgF_2 共形红外整流罩进行了加工研究，首先采用磨削技术对其内外表面进行成型加工，然后采用单点金刚石车削技术进行精加工，如图 1.12 所示；最后用磁流变抛光技术和射流抛光技术对其进行抛光处理，如图 1.13 所示。随后，

图 1.10　UFF 系统超精密磨削过程[37]

图 1.11　UFF 系统超精密抛光过程[37]

图 1.12　热压多晶 MgF$_2$ 内外表面的超精密加工[42]

图 1.13　热压多晶 MgF$_2$ 内外表面的抛光加工[42]

还对已加工的共形整流罩进行了曲线误差测量,并通过 Form Taylorsurf PGI 1240 轮廓仪进行不同位置的拼接测量来表征其面型精度及表面粗糙度,如图 1.14 所示。加工后的热压多晶 MgF_2 共形红外整流罩面行精度 PV 为 32 μm,表面粗糙度的 RMS 为 8 μm,测量结果如图 1.15 所示[38-42]。

图 1.14 热压多晶 MgF_2 共形整流罩测量过程[42]

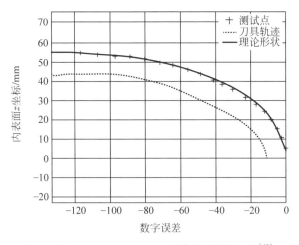

图 1.15 热压多晶 MgF_2 共形整流罩测量结果[42]

哈尔滨工业大学对 AlON 共形红外整流罩的加工进行了一系列的研究[43],如图 1.16 和图 1.17 所示。加工后的共形整流罩面型检测结果显示,50 mm 口径整流罩的面型精度 PV 可达 2 μm,表面粗糙度 Ra 可达 15 nm。

图 1.16　AION 共形整流罩的外表面超　　　图 1.17　AION 共形整流罩的在线
精密磨削[43]　　　　　　　　　　　　　　测量[43]

综上所述,由于材料制备难度大及对加工设备精度要求高,国内针对高硬脆性共形红外整流罩的研究还主要集中在材料制备、共形光学设计及材料检测等方面,其加工方面的研究才刚刚起步。

高硬脆性共形红外整流罩加工主要难点包括以下几个方面:

(1) 材料制备:材料制备水平与国外还有很大差距,急需降低高硬脆材料的制备成本和缩短制造周期,提高材料光学性能和机械性能,并开发稳定的高硬脆材料制备工艺;

(2) 加工工艺:由于材料硬度高脆性大,共形整流罩外形陡度高,因此加工过程中工具磨损严重,面型精度难以保证,且后续抛光难度大、效率低;

(3) 设备基础:由于国外相应超精密加工设备对中国大部分单位保密及禁运,国内自主研发的超精密加工设备与国外还有一定差距,国内能进行高硬脆性共形红外整流罩超精密加工的设备极为有限;

(4) 检测技术:国内相应检测手段有限,急需开发针对高陡度共形整流罩的相应检测方法,提高检测水平。

中国对高硬脆性共形整流罩的加工研究还处于初始阶段,开展加工研究的单位相对较少。但开展高硬脆性共形红外整流罩的加工研究对中国高性能导弹的发展具有重要意义。

在检测方面,谢菲尔(Schaefer)详述了共形光学元件制造的关键技术,并简述了共形光学元件的一种检测方法——全孔径透射式零位补偿干涉检测法[44]。勒纳(Lerner)基于传统的干涉仪检测方法,扩展了四种可能用于检测共形窗口的方法:子孔径拼接检测法、全孔径检测法、零位检验法、非零位检验法,如图 1.18 所示。并对这四种检测方法实际应用的可行性做了详细的分析[45],得出了两种可用的检测方法:子孔径拼接检测法和零位检验法。

雷神公司基于传统(Offner)零位补偿检验理论,设计了一种可用于共形窗口的检测装置,海格(Hegg)对这一检测方法做了详细介绍[46]。这一改进型 Offner

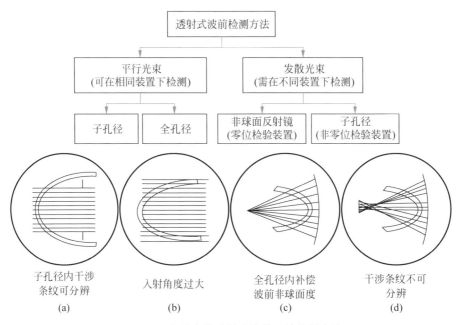

图 1.18　共形光学透射式波前干涉检测方法

零位补偿检测装置由一个非球面补偿镜、一个非球面场镜和一个球面反射镜组成。如图 1.19 所示为检测一个实例共形窗口的检测系统示意图。

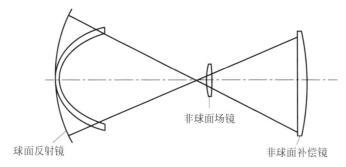

图 1.19　改进型 Offner 零位补偿检测系统示意图

　　史密斯(Smith)研究了采用红外夏克-哈特曼(Shack-Hartmann)波前传感仪检测共形光学窗口的方法[47]，这一检测方法不需要零位补偿元件，检测装置如图 1.20 所示。整个检测系统分为六个分别具备不同机能的设计模块，最终装调为一个整体，包含两个激光光源，一个光束控制系统(包含几面反射镜及一个硅材质窗口用于控制两束光共轴，一个由一负一正透镜组组成的空间滤波器用于光束的准直，一个双反射镜光束控制系统用于调整检测光束与待测共形光学窗口的共轴

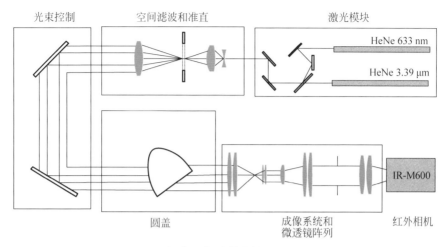

图 1.20 红外夏克-哈特曼检测装置示意图

度),一个特制的共形光学窗口装配装置,一个缩束成像系统,一个微透镜阵列,一个红外探测器阵列(Mitsubishi M500 红外 CCD 相机)。

克劳瑟(Crowther)提出了一种共形光学系统的设计和检测方法[48]。待测窗口元件内表面设计为二次曲面,利用二次曲面的几何特性采取了无像差点检测方法,如图 1.21 所示。利用双光束干涉仪发出检测光束通过内表面的远焦点,然后光束在内表面上反射至其近焦点,接着在近焦点上安置的球面反射镜上发生反射按照原光线轨迹返回(如果内表面有缺陷的话就不会按照完全相同的光线轨迹返回)到达干涉仪,再将检测光束和基准光束结合起来使用干涉仪进行对比分析检测。内表面上的缺陷使用条纹的位移表示,进而可以计算出实际的内表面与原始设计的理想表面相差多少波长。通过这个信息,就可以检测到共形窗口实际的内表面面型是否在公差容限内。专利[48]中共形窗口的外表面采用的是普通的非球面,采用传统的非球面检测方法即可检测。

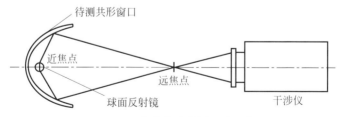

图 1.21 无像差点法检测原理示意图

世界上第一台共形光学成像系统包含一个长径比为 1 的椭球形 CaF_2 整流罩和一个相应的非球面固定校正器[49]。该系统为基于传统 Offner 零位补偿检验原

13

理的改进型检测装置,如图 1.22 所示。在待测整流罩前放置了一个非球面场镜和一个非球面补偿镜,通过 V 形块和一个等口径镜头座调整准心,检测精度可以达到 0.1λ(RMS)和 0.5λ(PV)以下。

国防科技大学的罗国良等提出了基于多段拼接的高陡度共形光学镜面轮廓测量法[50],如图 1.23 所示。将共形光学镜面轮廓划分为具有一定重叠区域的数段面型轮廓,通过测量仪器与待测元件之间的相对旋转与平移运动,调整待测元件与测量仪器之间的相对位姿,并解决传感器量程以及待测元件陡度对测量能力的限制问题,最终实现了对共形光学镜面分段轮廓的测量。再利用拼接算法将各段面型轮廓拼接起来,重构出待测元件的面型误差。同时罗国良等还分析研究了测量中误差产生的原因,并在 MATLAB 中进行了仿真,最后还对一个粗加工的椭球形共形整流罩做了简单的实测试验,验证了这一方法可以高精度地重构出待测元件的面型轮廓,单段面型轮廓的测量精度优于 $1~\mu\mathrm{m}$(PV)。

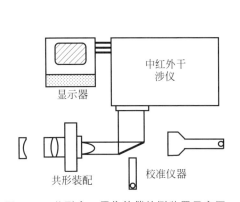

图 1.22　共形窗口零位补偿检测装置示意图

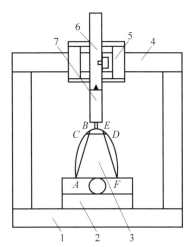

1—底座;2—旋转调整平台;3—工件;4—横向气浮导轨;5—滑块;6—纵向微调平台;7—传感器。

图 1.23　共形窗口多段拼接轮廓
测量装置结构图

1.2.2　共形光学应用现状

自 1999 年第一个共形光学系统研制成功以来,共形光学的实际应用越来越广泛。由于共形光学卓越的空气动力学性能与光学性能,在军事领域有广泛的应用前景。PCOT 评估了精密共形光学元件在美国多种武器系统中应用的潜在优势,并在 2001 年已经初步攻克了共形光学设计、制造以及检测的难关,同时在相应的飞行器上也已经得到了实际应用。

　　图 1.24 和图 1.25 所示为共形光学窗口在航天航空两用飞机 HL-20[51] 上的应用,该飞机是由美国国家航空航天局(NASA)在 20 世纪 90 年代初发起研制的,可以载 8～10 人,主要应用于宇宙空间站和地球之间人员和物品的运输,其中宇航员面前的是环形共形窗口,该设计验证了使用移动光学组件补偿不同视场下不断变化的窗口像差的可行性[52]。

图 1.24　由 HL-20 组成的人员和物资运输系统[51]

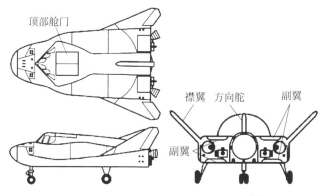

图 1.25　HL-20 中的共形整流罩结构[51]

　　此外,共形光学元件在超音速飞机及机载激光导弹拦截系统中也有应用。美国空军机载激光试验机 YAL-1A(图 1.26)是由波音 747-400F[52] 运输机改装的,装载了最新研制的机载激光聚能武器,用于摧毁处于起飞助推状态的战术导弹,将导弹消灭在敌领空、领土上。该项目由 1996 年开始研制,2002 年对激光转塔的安装方式进行了改进。激光转塔是光束控制、火力控制系统的心脏,采用全套阵列的镜面和光学装置对大气影响和飞行扰动进行修正,使高能激光束对准、到达并聚集到助推阶段的弹道导弹上,装在飞机的头部,由球形转塔和滚转外壳组成,如图 1.27 所示。转塔内有大孔径望远镜和高透过率共形窗口,提供任务所需的全部运动范围。

图 1.26　机载激光试验机 YAL-1A 转塔窗口[52]

图 1.27　飞机转塔[52]

PCOT 通过替换"毒刺 Block Ⅱ"成像整流罩窗口展示了共形光学技术的成熟性,与其他光电/红外寻的导引头类似,这种导引系统配有考虑空气动力学的半球面钝形整流罩,如图 1.28 所示。

图 1.28　"毒刺 Block Ⅱ"成像寻的头及其弹体

　　雷神公司通过对导弹以及其他武器系统的研究,认为共形光学元件应用于导弹的最大益处在于大幅度减小导弹高速飞行时的空气阻力,从而增加导弹的射程,加快飞行速度,减小飞行时间,这一切使得导弹的作战效能大大提高。

　　相对于半球形共形整流罩的导弹而言,在相同发射角的情况下或飞行时间相同时,采用共形整流罩的导弹射程更远。图 1.29 和图 1.30 分别为采用半球形整流罩的导弹和采用长径比 $F=1.5$ 共形光学共形整流罩导弹的射程与发射角度、飞行时间关系的比较。另外,对于诸如空空导弹、巡航导弹来讲,使用共形光学元件可以减小其雷达反射面积,增大视场,也利于控制导弹周围的空气流场。

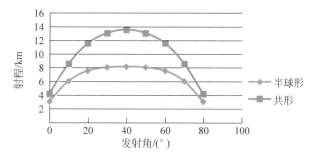

图 1.29　导弹射程与发射角度的关系

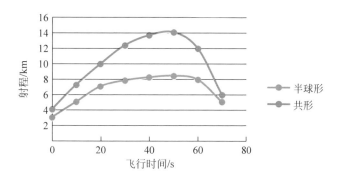

图 1.30　导弹射程与飞行时间的关系

雷神公司的研究结论认为共形整流罩具有以下优点：

(1) 能够减小导弹阻力系数，从而增加射程，提高速度，减少飞行时间；

(2) 能够有较小的导弹雷达反射面积，影响其周围的流场并有较小的空气摩擦热；

(3) 其在军事武器领域所起的作用将越来越大。

1999 年 10 月，雷神公司宣布世界上第一个共形光学系统研制成功，并成功应用于红外导引头。该导引头采用了热压多晶 MgF_2 共形整流罩和共形红外光学成像系统，结构如图 1.31 所示。

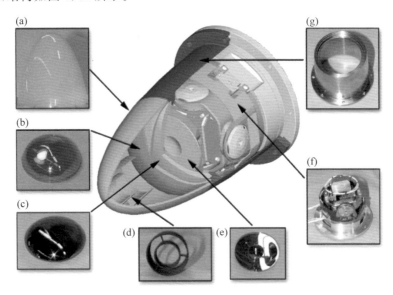

图 1.31　使用多个组件校正椭球整流罩引入像差的共形光学寻的头机械设计模型
(a) 共形 MgF_2 整流罩；(b) ZnS 校正器；(c) TI-1173 校正器；(d) 遮光罩；(e) 固定 CaF_2 反射折射成像镜头；(f) 万向节装配部件；(g) 整流罩/校正器底座

2001 年该合作组织将其研制的长径比为 1.5 的共形整流罩结构应用于实际导弹系统中，试验结果表明导弹系统的空气动力学性能得到有效改善，导弹射程明显增加[53]。

美国还将共形光学系统与导弹联调测试，如图 1.32 所示为采用共形光学系统的导引头对美国 F16 战斗机在美国图森国际机场起飞时的成像照片，图中能清晰地显示飞机起飞的机身轮廓和发动机喷出的高温气流图像。

目前，以共形整流罩为代表的共形光学元件将逐步应用到标枪反坦克导弹(Javelin)、目标捕获指示瞄准具/驾驶员夜视传感器、导弹寻的改进计划等武器系统，对现代数字化部队的建设起着重要作用。

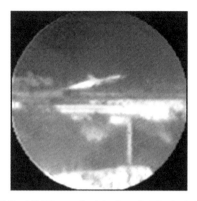

图 1.32　共形导引头对美国 F16 战斗机在图森国际机场起飞时的成像照片

1.3　共形光学的难题

共形光学技术在飞行器中的应用有着传统光学技术无法比拟的优势,但是目前共形光学技术的应用仍存在一定的障碍。共形光学技术目前存在现有光学像差理论和光学设计方法不完善、加工手段和检测设备相对落后等困难。

1.3.1　设计难题

共形光学系统的设计富有挑战性,这是因为共形窗口和整流罩光学表面为自由曲面(非球面),因此给光学系统引入了大量像差。并且像差随着扫描视场的变化而变化,必须增加光学元件补偿共形面引入的像差。像差补偿的方法有两种:一种是被动校正方法,使用一种或多种非球形的校正元件来补偿像差;另一种是主动校正方法,在光学系统中使用动态像差发生器对共形窗口和整流罩产生的像差进行抵消,这种方法要求有相应的机械装置和电控装置来控制动态像差发生器。

共形光学表面可以是非球面、球面、圆柱面、圆锥面、平面和尖顶形状的任意组合,即非球面(轴对称)或自由曲面(非轴对称),由于受传统光学加工工艺的影响,加工光学自由曲面非常困难,进而限制了光学设计的进一步发展,使光学设计长期以来停留在传统轴对称球面或其他对称面的设计上。像差理论的发展也局限于轴对称光学系统,自由曲面光学系统的像差理论研究尚未成熟。因此要设计共形光学系统必须首先选择合适的光学设计工具,进一步研究离轴像差理论,研究采用新方法描述共形窗口和整流罩引入的像差特性,分析后继光学系统的性能。此外共形表面的面型形式多样,各种面型的像差特性也大不相同,还要选择最优的面型描述方法。

利用泽尼克波前分解可以很方便地将共形窗口和整流罩引入的像差进行量化。图 1.33 为长宽比为 1.5 的椭球形 ZnS 整流罩在整个 40°扫描视场内的像差特性曲线。椭球形整流罩顶端不存在间断点,这使得它们能够在光学设计的优化过程中将光线追迹误差最小化。共形窗口和整流罩表面形状也可以是其他的面型。通常会出现这种情况,在设计开始时使用的是椭球形,在进一步的设计中可以使用其他面型(如样条曲面)改善系统性能。考虑到各种面型的连续性与简易性,目前最常用的面型为椭球形。

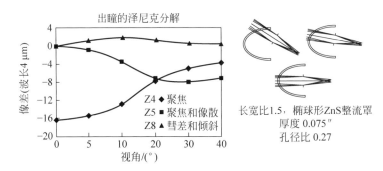

图 1.33 F = 1.5 椭球形整流罩的典型泽尼克像差系数

共形光学设计需校正由各种因素产生的像差,其中像差校正元件是必不可少的。整流罩加上校正元件相应地提高了造价,也使得系统更为复杂。

1.3.2 制造难题

共形光学系统的制造富有挑战性的原因是共形光学系统有非球形的表面。加工非球面本身存在一定的难度,同时对于军用领域所追求的高精度系统,高精度非球面的加工难度更大。共形光学窗口和整流罩所需的材料硬度都较高,如 ZnS,尤其是现在正在发展的陶瓷材料,硬度更大。传统的光学非球面制造、研磨和抛光方法通常不再适合加工共形光学窗口和整流罩以及光学校正元件。新的加工工艺和制造设备的开发研制将是必须解决的一大难题。

1.3.3 检测难题

共形光学的检测同样极富挑战性。目前常用的非球面干涉检测技术可以分为两大类:零位检验方法和非零位检验方法。零位检验方法尤其是零位补偿法现已广泛应用于大口径非球面的测量中。传统的透射式补偿器有 Dall 补偿器和 Offner 补偿器。补偿器一般会根据待测非球面的形状制成单片或多片的形式。因此透射式的补偿器比较复杂,对其本身的精度要求也很高,这是因为补偿器的精度应当优于待测非球面的精度。同时高精度补偿器的成本很高,这是由于用以上两种补偿器检测非球面所需要的校正器和测试板应当与待测非球面同样大小。而衍射式补偿器中,用于高陡度离轴非球面所需的复杂计算全息图则仍然存在制作困难的问题。

非零位检验方法也存在不可避免的缺陷——干涉条纹密度的缺陷。而且,即使待测非球面完美地匹配理想非球面,其干涉条纹也不是直条纹,因此,非零位检验方法的精度不如零位检验的高。如果在技术上扩展有用的表面测量范围,就必须要解决这些问题。计算全息干涉测量法只能测量偏离量小的非球面,精确度也不是很高。目前的非球面检测技术都存在缺陷,共形光学元件的检测遇到极大的困难,这就需要在传统检测技术的基础上找到一个可行的检测方法,而同时这种检测方法还必须要简单易用,足够精确,并可重复操作。

参考文献

［1］ 杨卫平,沈振康.红外成像导引头及其发展趋势［J］.激光与红外,2007,37(11): 1129-1136.

［2］ 范晋祥.高性能红外成像导引头设计中值得重视的几个问题［J］.红外与激光工程,2006, 35:20-27.

［3］ 刘方明.红外成像末制导的预处理及数据处理技术的研究与实现［D］.长沙:国防科技大学,2007.

［4］ 黄秋,陈亦庆,高志峰,等.红外导引头整流罩技术研究［J］.应用光学,2009,30(5): 840-843.

［5］ TROTTA P A. Precision conformal optics technology program［C］. Orlando,FL,United States:Proc. SPIE,2001,4375:96-108.

［6］ JOHN M. Conformal ogive alon dome fabrication［D］. Fuson:University of Arizona,2004.

［7］ SCOTT W S. Arch corrector for conformal optical systems［C］. Orlando,FL,United States:Proc. SPIE,1999,3705:189-200.

［8］ FISCHER R E,SIEGEL L R,KORNISKI R J,et al. New developments in optical correction for non-spherical windows and domes［C］. San Diego,CA,United States:Proc. SPIE, 1994,2286:471-479.

［9］ DAVID J F,DUNCAN T M. I like your GRIN:design methods for gradient-index progressive addition lenses［C］. Tucson,AZ,United States:Proc. SPIE,2002,4832:410-420.

［10］ DAVID J K. Conformal optical design ［D］. Fuson:University of Arizona,2002.

［11］ DAVID J K,JAMES P M,RONALD G H,et al. Conformal optics risk reduction demonstration［C］. Orlando,FL,United States:Proc. SPIE,2001,4375:146-154.

［12］ BLAKE G C,DEAN B M,JAMES P M. Aberrations of optical domes［C］. Kona,HI, United States:Proc. SPIE,1998,3482:48-61.

［13］ NOVAK M J. Analysis and correction of wavefront deformation introduced by conformal aspheric surfaces ［D］. Tuson:University of Arizona,1997.

[14] BOIAN A H. Analytical solution of Wassermann-Wolf differential equations for optical system aplanatism[C]. Varna,Bulgaria：Proc. SPIE,2006,6252：131-135.

[15] WASSERMANN G D,WOLF E. On the theory of aplanatic aspheric systems [J]. Proc. Phys. ,1949,62：2-5.

[16] SCOTT W S. Correcting dynamic third-order astigmatism in conformal missile domes with gimbaled seekers [D]. Tuson：University of Arizona,1997.

[17] MICHAEL R W. Correcting variable third order astigmatism introduced by conformal aspheric surfaces[C]. Kona,HI,United States：Proc. SPIE,1998,3482：62-73.

[18] THOMAS A M,JOSE M S. Variable aberration correction using axially translating phase plates[C]. Orlando,FL,United States：Proc. SPIE,1999,3705：209-220.

[19] PAUL M,DAVID K,SCOTT E,et al. Optical system with zernike-shaped corrector：US6313951 [P]. 2001-11-06.

[20] JOSEPH K,REDONDO B,CHUNGTE C. Dynamic aberration corrector for conformal windows：US5526181 [P]. 1996-06-11.

[21] JAMES P M,SCOTT W S,THOMAS A M,et al. Conformal dome aberration correction with counter-rotating phase plates. Window and dome technologies and materials VI[C]. Orlando,FL,United States：Proc. SPIE,1999,3705：201-208.

[22] SCOTT S,JAMES M,RICHARD P,et al. Missile seeker having a beam steering optical arrangement using Risley prisms：US6343767 [P]. 2002-02-05.

[23] SCOTT S,JAMES M,DAVID K. Conformal dome correction with counter rotating phase plates[J]. Opt. Eng. ,2000,39：1822-1829.

[24] 李林,刘家国,李卓,等. 共形光学设计研究[J]. 光学技术,2006,32(S1)：509-512,515.

[25] 程德文,常军,徐况,等. 特殊整流罩窗口的非对称像差研究[J]. 光学技术,2006,32(8)：362-368.

[26] 李岩,李林,黄一帆,等. 基于反转光楔和泽尼克多项式的共形光学设计[J]. 光子学报,2008,37(9)：1788-1792.

[27] 常军,刘莉萍,程德文,等. 含特殊整流罩的红外光学系统设计[J]. 红外与毫米波学报,2009,28 (3)：205-210.

[28] 李东熙,卢振武. 基于 Wassermann-Wolf 方程的共形光学系统设计研究[J]. 物理学报,2007,56(10)：5766-5771.

[29] 李东熙,卢振武,陆子凤,等. 共形光学系统设计研究[J]. 红外技术,2008,30(3)：128-132.

[30] 李东熙,卢振武,孙强,等. 利用 Wassermann-Wolf 原理设计共形光学系统[J]. 光子学报,2008,37(4)：776-779.

[31] JOHN S,RICHARD A E,FRANK C S. Fabrication challenges associated with conformal optics[C]. Orlando,FL,United States：Proc. SPIE,2001,4375：128-138.

[32] JITENDRA S G, JOEL A. Fabrication of conformal ZnS domes by chemical vapor deposition [C]. Orlando,FL,United States：Proc. SPIE,1999,3705：227-237.

[33] GOELA J S,ASKINAZI J,ROBINSON B. Replication of conformal surfaces by chemical vapor deposition [C]. Proceedings of the 8th Electromagnetic Window Symposium,

Orlando，FL，United States：2004，4：313-326.

[34] KNAPP J D. Fundamentals of conformal dome design[C]. Tucson，AZ，United States：Proc. SPIE，2002，4834：394-409.

[35] NELSON J D，GOULD A，SMITH N，et al. Advances in freeform optics fabrication for conformal window and dome applications[C]. Baltimore，Maryland，United States：Proc. SPIE，2013，8708：870815.

[36] 张建明. 现代超精密加工技术和装备的研究与发展[J]. 航空精密制造技术，2008，44(1)：1-7.

[37] DEFISHER S，FESS E，WOLFS F. Freeform and conformal optical manufacturing[C]. Baltimore，Maryland，United States：Proc. SPIE，2013，8708：870813.

[38] 张发. 热压多晶氟化镁共形头罩加工工艺研究[D]. 长沙：国防科技大学，2009.

[39] 张学成. 磁射流抛光技术研究[D]. 长沙：国防科技大学，2007.

[40] 张学成，徐榕，刘莉. 共形光学在导引头中的应用[J]. 兵器自动化，2010，4(29)：20-24.

[41] 袁征. 共形光学头罩磨削设备研制及其磁流变抛光基础研究[D]. 长沙：国防科技大学，2008.

[42] HU H，DAI Y，GUAN C，et al. Deterministic manufacturing technologies for polycrystalline magnesium fluoride conformal domes[C]. Dalian，China：Proc. SPIE，2010，765526：1-6.

[43] 王金虎. 高陡度蓝宝石保形整流罩的精密磨削关键技术研究[D]. 哈尔滨：哈尔滨工业大学，2018.

[44] SCHAEFER J P，EICHHOLTZ R A，SULZBACH F. Fabrication challenges associated with conformal optics[C]. Orlando，FL，United States：Proc. SPIE，2001，4375：128-137.

[45] LERNER S A，SASIAN J M，GREIVENKAMP J E，et al. Interferometric metrology of conformal domes[C]. Orlando，FL，United States：Proc. SPIE，1999，3705：221-227.

[46] HEGG R G，CHEN C B. Testing and analyzing conformal windows with null optics[C]. Orlando，FL，United States：Proc. SPIE，2001，4375：138-146.

[47] SMITH D G，GREIVENKAMP J E，GAPPINGER R，et al. Infrared Shack-Hartmann wavefront sensor for conformal dome metrology[C]. Optical Fabrication and Testing，Quebec.，Canada：2000，OTuC4：109-111.

[48] CROWTHER B G，MCKENNEY D B，SPARROLD S W，et al. Optical system with a window having a conicoidal inner surface，and testing of the optical system：US 6180938 [P]. 2001-01-20.

[49] KNAPP D J，MILLS J P，HEGG R G，et al. Conformal optics risk reduction demonstration [C]. Orlando，FL，United States：Proc. SPIE，2001，4375：146-154.

[50] 罗国良，贾立德，尹自强. 高陡度共形光学镜面拼接测量误差分析与建模[J]. 航空精密制造技术，2008，44(4)：6-10.

[51] PALUSINSKI I A，SASIAN J M，GREIVENKAMP J E. Lateral-shift variable aberration generator[J]. Applied Optics，1999，38：86-90.

[52] SPARROLD S W. Conformal dome correction with counterrotating phase plates[J]. Optical Engineering，2000，39(7)：1822.

[53] ROBERT S，JAMES M，HARVEY P，et al. Optics that fit[J]. Photonics Spectra，2001，35(4)：86-90.

第 2 章

共形整流罩的设计方法

2.1　共形整流罩概述

共形光学技术在飞行器中的应用有着传统光学技术无法比拟的优势,但是共形窗口和整流罩光学表面为高阶非球面(自由曲面),引入了大量不规则像差,并且像差随着扫描视场角的变化而变化。因此,必须加入其他光学元件补偿共形面引入的像差。像差补偿的方法有两种:一种是被动校正方法,使用一种或多种非球形的校正元件来补偿消除像差;另一种是主动校正方法,在光学系统中使用动态像差发生器对共形窗口和整流罩产生的像差进行抵消,这种方法要求有相应的机械装置和电控装置来控制动态像差发生器[1]。

在设计共形光学系统时将共形光学系统前端和后端区别开来。前端由拱顶和其他非成像系统的元件组成,产生的像差随视场角变化,在前端放置校正元件可以减小这一变化像差。后端为成像系统,成像系统可以是折射式镜头,也可以是反射式镜头,或折反式镜头。如图 2.1 所示,将前端和后端区分开后,在优化阶段即可分别优化共形系统的前端和后端,然后进行整体优化,降低设计难度。

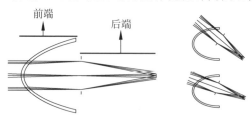

图 2.1　前端和后端的差别

2.1.1　共形光学系统参数和定义

数学意义上的共形曲线有多项式型、指数型、贝塞尔曲线型或者样条曲线型等[2-3]。而实际应用在共形光学系统前端作为整流罩的结构一般为锥面、双锥面、球面、正切卵形面、正割卵形面、椭球面、抛物面、幂级数面等[4]。一般情况下,共形光学系统的重要组成部分即前端整流罩外表面越尖锐,空气阻力越小,具有更加优越的空气动力学性能,但是会引入更大的轴上以及离轴像差,影响共形光学系统整体的成像质量,所以需要选取一种整流罩结构,使得满足较为清晰的光学系统成像质量的同时具有比较好的空气动力学性能。共形光学系统的前端整流罩通常选取椭球面面型,椭球形整流罩除了同时拥有比较优越的光学性能以及空气动力学性能外,其最大孔径处表面倾斜度为零,这就使其可以比较平滑地将整流罩与整流罩后端零部件连接。

共形整流罩最重要的一个参数就是共形整流罩外表面的长径比 F,即共形整流罩外表面顶点到整流罩对称中心的长度 L 与共形整流罩的孔径 D 之间的比值。如图 2.2 所示,对于半径为 r 的球面来说,其 $L=r$,$D=2r$,长径比为 0.5。而共形整流罩的长径比一般大于 0.5,在此描述的共形整流罩的长径比都选取 1。

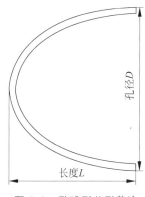

图 2.2　椭球形共形整流罩示意图

椭球面利用曲率 c 以及二次项系数 k 表述为

$$z = \frac{cp^2}{1 + \sqrt{1 - (1+k)c^2 p^2}} \tag{2.1}$$

式中,z 为光学系统轴向坐标,p 为径向坐标。由式(2.1)可以得出 p 和 z 的关系,对其进行一阶求导就可以得出椭球面任意点的倾斜度 S。

$$p = \sqrt{\frac{2z}{c} - z^2(1+k)} \tag{2.2}$$

$$S = \frac{\mathrm{d}p}{\mathrm{d}z} = \frac{1}{cp} - \frac{z}{p}(1+k) \tag{2.3}$$

整流罩的外表面可以用孔径 D、边缘倾斜度 S_e 和长径比 F 来表示,并且能够推得曲率 c 和二次曲面系数 k 同 D、S_e 以及 F 的关系。

$$k = \frac{1}{4F^2} - \frac{S_e}{F} - 1 \tag{2.4}$$

$$c = \frac{8L}{D^2 + 4L^2(1+k)} \tag{2.5}$$

用上述公式对共形整流罩结构的内表面进行描述。为了校正共形整流罩由于面型的变化所引入的像差,一般将共形整流罩内表面设置为自由曲面。

共形光学系统有两种成像角度:扫描视场和瞬时视场。光轴与共形整流罩对称轴之间的夹角称为观察视场角 θ_g。光轴与共形整流罩对称轴夹角不变时视场范围为瞬时视场 θ_s。

2.1.2 共形光学系统面型选择

在共形面的设计中面型选择对性能有很大影响,具有足够自由度的曲面性能较好。如图 2.3 所示,低阶项对系统性能的提高量较小,改变校正器面型为样条型,能使系统性能的提高量超过使用偶次非球面时的性能提高量,因此选择面型需慎重[4-5]。表 2.1 列出了共形整流罩设计中常用的几种面型及应用,目前较为常用的面型为椭球形。

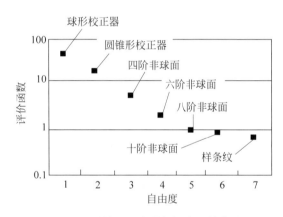

图 2.3 面型的不同阶项与评价函数的关系

表 2.1 常用面型及其性能

面 型	性 能
偶次多项式(even ordered polynomial)	良好的出发点
样条纹(splines)	设计中为进一步提高性能而用该面型,有效作用于整流罩内表面
NURBS	复杂建模
变形非球面(anamorphic asphere)	弓形的有效面型选择
泽尼克面型(Zernike surface)	弓形和泽尼克光楔的有效面型选择
奇次多项式(odd polynomial)	有效校正整流罩的奇数项
xy 多项式(xy polynomial)	弓形的有效面型选择

2.1.3　椭球形整流罩的数学特性

1. 法线特性

为了解整流罩的数学特性,将整流罩还原到初始状态,如图 2.4 所示。

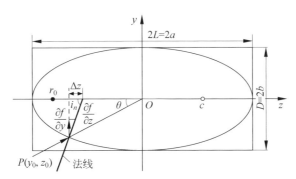

图 2.4　椭球形 *y*-*z* 截面

曲面 $f(x,y,z)$ 上的任意一点 P 的单位法向量为

$$\boldsymbol{n} = \nabla f = \left(\frac{\partial f}{\partial x}, \frac{\partial f}{\partial y}, \frac{\partial f}{\partial z} \right) \tag{2.6}$$

将标准椭球面方程 $\dfrac{x^2 + y^2}{b^2} + \dfrac{z^2}{a^2} = 1$,改写成函数式,得

$$f(x,y,z) = 1 - \left(\frac{x^2 + y^2}{b^2} + \frac{z^2}{a^2} \right) = 0 \tag{2.7}$$

则 $P_0(x_0,y_0,z_0)$ 点的法向量为

$$\boldsymbol{n}(x_0,y_0,z_0) = \left(\frac{-2x_0}{b^2}, \frac{-2y_0}{b^2}, \frac{-2z_0}{a^2} \right) \tag{2.8}$$

在切平面内,$x=0$,由此,法线与 z 轴的夹角为

$$\tan i_n = \frac{\partial f/\partial y}{\partial f/\partial z} = \frac{a^2}{b^2} \frac{y_0}{z_0}, \quad \tan \theta = \frac{y}{z} \tag{2.9}$$

消去 a、b 后,得到

$$\tan i_n = 4F^2 \tan \theta \tag{2.10}$$

如图 2.5 所示为视场角与长径比 F 的函数关系图。法线与 z 轴夹角 i_n 随着长径比 F 的增大而迅速增大。即随着长径比 F 的增大,可得到更大的扫描视场。

2. 曲率特性

深入研究椭球面的几何特性有助于定义它的各项参数,诸如视场角 $f(\theta) = [y(\theta),z(\theta)]$ 等。将椭球面改写成这种形式可以简化表面曲率的计算过程。此外,对于特殊整流罩,光学参数与视场角的数学关系可以通过对曲率的研究进行更

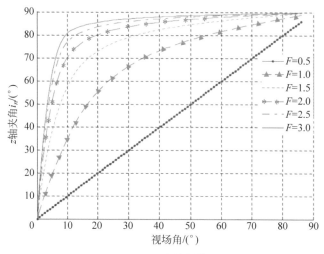

图 2.5　法线特性

直观的分析。

椭球形整流罩建成后,面临的一个问题是光阑随着万向节(2.1.8 节中将详细介绍)的转动而转动,由此破坏了波前传播的轴向对称性,但垂直于 xOy 平面对称。基于此,视场角与曲率之间的关系如下。

通过 P 点二次曲率计算切平面的曲率为

$$k = \frac{|z'y'' - y'z''|}{(z'^2 + y'^2)^{3/2}} \tag{2.11}$$

将式(2.9)代入椭球的标准方程式,消去 y、z,并变量替换 a 和 b,得到

$$y(\theta) = \frac{FD\tan\theta}{\sqrt{4F^2\tan^2\theta + 1}} \tag{2.12}$$

$$z(\theta) = \frac{FD}{\sqrt{4F^2\tan^2\theta + 1}} \tag{2.13}$$

子午面内曲率半径与基圆半径 r_0 和长径比 F 的关系为

$$r_{\mathrm{T}}(\theta) = r_0 \left(\frac{16F^4\tan^2\theta + 1}{4F^2\tan^2\theta + 1} \right)^{3/2} \tag{2.14}$$

弧矢面内的曲率半径 r_s 与基圆半径 r_0 和长径比 F 的关系较子午面有所不同。曲率的中心偏离 z_0 轴,逐渐趋近为一条直线。这是由于单个整流罩表面是绕着 z 轴旋转而成的椭球面。

r_s 可通过计算椭球面上 P 点到主轴的距离得到。沿着表面法线测量,法线与主轴的夹角已知,从式(2.10)和式(2.11),可得

$$\tan(i_n) = 4F^2\tan\theta = \frac{y(\theta)}{\Delta z} \tag{2.15}$$

式中，$y(\theta)$ 是表面的径向函数，Δz 是 P 点到 z 轴与法线交点的轴向距离。$y(\theta)$ 由式(2.12)可得。

点 P、zP、zn 连线构成了一个直角三角形。由此可得

$$r_s(\theta) = \sqrt{y^2(\theta) + \Delta z^2} \tag{2.16}$$

将 $\Delta z = y(\theta)/4F\tan(\theta)$ 和 $r_0 = D/4F$ 代入，得到

$$r_s(\theta) = r_0 \left(\frac{16F^4\tan\theta^2 + 1}{4F^2\tan\theta^2 + 1} \right)^{1/2} \tag{2.17}$$

子午和弧矢曲率均在 $\theta = 0$(或 $m\pi$)处为最小值，在 $\theta = \pm\pi/2$ 处有最大值。将 $\theta = 0$ 代入式(2.13)和式(2.15)，并令 $r_T(0) = r_s(0) = r_0$，此时为子午曲率最大值，将式(2.14)分子分母同时乘以 $1/\cos(\theta)$ 以消去间断点 $\theta = \pm\pi/2$，得到 $R_T(\pm\pi/2) = 8F^3 r_0$。同理可得 $R_s(\pm\pi/2) = 2Fr_0$，其关系如图 2.6～图 2.9 所示。

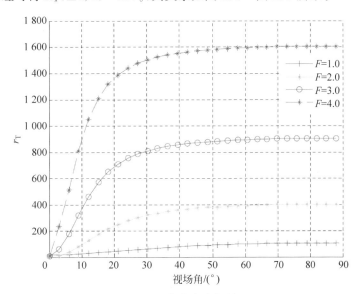

图 2.6　子午曲率半径特征

3. 入射角

整流罩内表面入射角 $\alpha = \theta - i_n$。符号定义如下：对于 $\alpha < 0$，$i_n > 0$，则主光线经过逆时针旋转到达平面法线。同理，$\alpha > 0$，$i_n < 0$，则主光线经过顺时针旋转到达平面法线。

由 $\tan i_n = 4F^2\tan\theta$，可得内表面的 i_n，

$$i_n = \arctan(4F^2\tan\theta) \tag{2.18}$$

将式(2.18)代入消去 i_n，可得

$$\alpha = \theta - \arctan(4F^2\tan\theta) \tag{2.19}$$

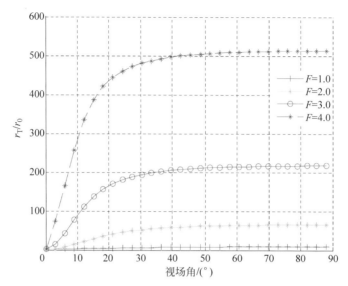

图 2.7　归一化子午曲率半径特征

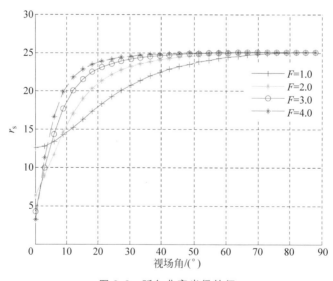

图 2.8　弧矢曲率半径特征

令主光线从光阑处出发,首先与内表面相交,θ 即视场角。对于任一长径比 F,有 $\alpha_{max} = 2\theta - \pi/2$。通过 α 对 θ 进行微分,可求得最大视场角

$$\theta_{max} = \arctan(1/2F) \tag{2.20}$$

入射角与视场角的函数关系曲线如图 2.10 所示。

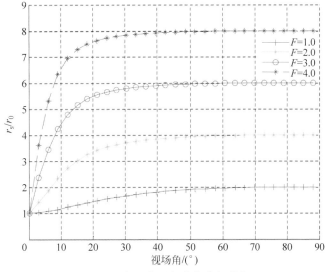

图 2.9　归一化弧矢曲率半径特征

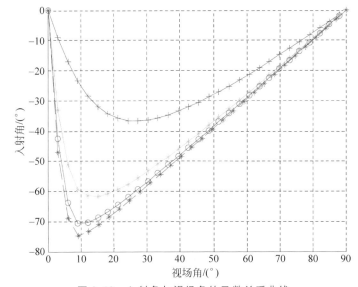

图 2.10　入射角与视场角的函数关系曲线

4. 光焦度与厚度特性

在近轴条件下，认为 $\theta = 0$。整流罩可以看作一个凸弯月透镜。内、外表面的曲率半径均由整流罩的口径 D、长径比 F 和厚度 t 决定。这些可由 $k_0 = \dfrac{1}{4F_a^2} - 1$，

$r_0 = \dfrac{D}{4F_a}$，结合 $k_i = \left[\dfrac{D-2t}{2(F_aD-t)}\right]^2 - 1$，$r_i = \dfrac{(D-2t)^2}{4(F_aD-t)}$ 计算得出。通过追踪通过整流罩的近轴光线，可以得到一对表面的光焦度，结果如下：

$$\phi_{ab} = \phi_a + \phi_b - \tau\phi_a\phi_b \tag{2.21}$$

在此

$$\phi_j = (n_{j+1} - n_j)c_j = \frac{n_{j+1} - n_j}{r_j} \tag{2.22}$$

ϕ_j 为面 j 的光焦度，同时

$$\tau = \frac{t}{n_{j+1}} \tag{2.23}$$

式中，τ 是器件的相对厚度。对一个置于空气中的折射率 n 的透镜来说，有 $\phi_a = (n-1)/r_a$，$\phi_b = (1-n)/r_b$，透镜的有效焦距 f 为 $1/\phi_{ab}$。

对于 F、n 和 t 取值都很小的情况，整流罩可以看作一个负光焦度的弯月透镜。如果三个变量中的任意一个变得足够大，整流罩光焦度即由负变为正，如图 2.11～图 2.14 所示。在大多数应用中，希望得到的整流罩具有远焦性或具有较低的光焦度，因为这样可以将焦距在瞄准线与最大观测角所在位置之间的变化降至最小，从而降低放置在像空间的图像修正的要求。这个要求将限制参数空间，从而达到更容易实现光学修正的目的。

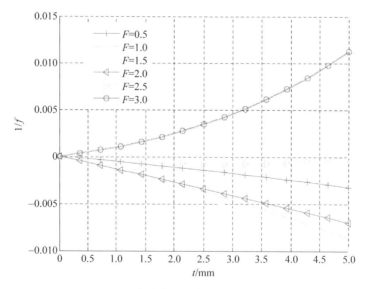

图 2.11　光焦度与厚度关系图，$n = 1.5$

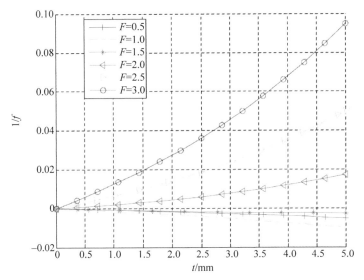

图 2.12　光焦度与厚度关系图,$n=2$

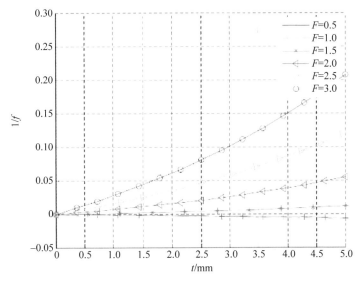

图 2.13　光焦度与厚度关系图,$n=2.5$

5. 光焦度分配

整流罩的有效焦距(effective focal length,EFL)是在 P' 点的第二主平面到焦点 F' 之间的距离。焦点 F' 的位置可由在无穷远处的某一近轴目标确定。在这里使用的符号规则是:光线从左至右传输,如果 F' 点在 P' 点的右侧,则 $f>0$。类似地,整流罩的前焦点可以通过反向追踪一条从无穷远处射出整流罩的近轴光线确

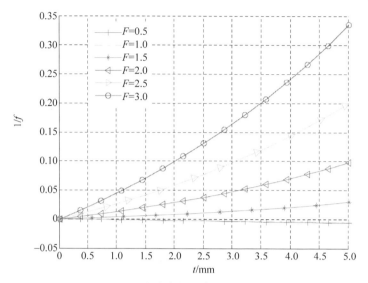

图 2.14　光焦度与厚度关系图，$n=3$

定。对于放置在空气中的透镜，$f=P'F'=-PF$，节点 N 和 N' 分别与 P 和 P' 重合。后焦距(BFL)是内表面的顶点 V' 到焦点 F' 的距离。顶点 V' 至 P' 点的距离 $V'P'=\delta'=f-\text{BFL}=-\phi_a\tau/\phi_{ab}$，同样地，整流罩的前焦距(FFL)可通过外表面的顶点 V 利用类似的方法获得。得到的结果是 $VP=\delta=-f-\text{BFL}=-\phi_b\tau/\phi_{ab}$。则主平面之间的间距为 $PP'=t-\delta+\sigma$。图 2.15 描绘出了这些关系和符号规则。

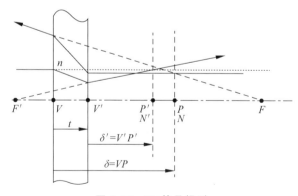

图 2.15　PV 符号规则

凸弯月透镜的两个主平面同在透镜的一侧。如果焦距是负的，则 P 和 P' 在透镜的右侧。同样，如果焦距为正，则 P 和 P' 在透镜的左侧。透镜的对称形状因数表述其挠度。即使提供同样的总焦距长度，透镜的前后表面的曲率也有可能不同。形状因数最初被关注是在失真修正的透视图上。通过适当分配两个表面间的光焦度,可以将传输光波的波前失真减到最小。通常该参数取值越小,失真越小。

2.1.4　整流罩空气动力学分析

1. 空气动力学基本公式

整流罩作为一种旋转旋成体,它的面型是由一条母线方程旋转而来,因此其动力学特性便可在二维平面上分析。当导弹亚音速飞行时,摩擦阻力是主要因素,且主要由弹身的长径比决定。对于超音速导弹,表面摩擦阻力和导弹底部的阻力相对较小。导弹弹体的超音速阻力主要是由头部激波引起的,激波波阻与弹头的长径比和马赫数有关。下面讨论超音速流场中不同形状旋成体的波阻表达式。

当绕细长旋成体对称超声速流动时,其小扰动速度势都可以采用在轴线上分布相应的源汇求解,源汇的强度由物面边界条件确定。求得的速度势 φ 可以算出物面压力系数(阻力系数)的计算公式。如图 2.16 所示为轴向流动示意图。

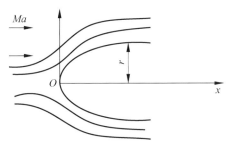

图 2.16　轴向流动示意图

轴对称流动情况下基本方程为[6]

$$(1-Ma_\infty^2)\frac{\partial^2\varphi}{\partial x^2}+\frac{\partial^2\varphi}{\partial r^2}+\frac{1}{r}\frac{\partial\varphi}{\partial r}=0 \tag{2.24}$$

式中,Ma_∞ 为未扰动来流的马赫数,x 为弹身轴线与原点的距离,r 为弹身边缘与轴线的距离,φ 为速度势。

令 $B=\sqrt{Ma_\infty^2-1}$,则式(2.24)可改写为

$$B^2\frac{\partial^2\varphi}{\partial x^2}+\frac{\partial^2\varphi}{\partial r^2}+\frac{1}{r}\frac{\partial\varphi}{\partial r}=0 \tag{2.25}$$

式(2.25)有一特解(点源)

$$\varphi=-\frac{Q}{2\pi\sqrt{x-B^2r^2}} \tag{2.26}$$

超音速流场中任一点 $A(x,r)$ 的扰动速度势只取决于沿弹身轴线由原点至 $x-Br$ 之间的源汇分布,即有

$$\varphi(x,r)=-\frac{1}{2\pi}\int_0^{x-Br}\frac{q(\xi)}{\sqrt{(x-\xi)^2-B^2r^2}} \tag{2.27}$$

此时按二维点源近似确定线源的强度为

$$q(\xi)=V_\infty\frac{\mathrm{d}S}{\mathrm{d}\xi} \tag{2.28}$$

则有

$$\varphi(x,r) = -\frac{1}{2\pi}\int_0^{x-Br} \frac{V_\infty \dfrac{\mathrm{d}S}{\mathrm{d}\xi}}{\sqrt{(x-\xi)^2 - B^2 r^2}} \qquad (2.29)$$

对于超音速流动,阻力系数为

$$C_P = \left[\frac{\mathrm{d}^2 S}{\mathrm{d}\xi^2}\ln\frac{2}{BR} + \frac{\mathrm{d}}{\mathrm{d}x}\int_0^x \frac{\mathrm{d}^2 S}{\mathrm{d}\xi^2}\ln(x-\xi)\mathrm{d}\xi\right] - \left(\frac{\mathrm{d}R}{\mathrm{d}x}\right)^2 \qquad (2.30)$$

2. 多种旋成体阻力系数分析

根据 2.1.4 节第一小节所讨论的空气动力学基本公式,分别将五种整流罩即球面、椭球面、抛物面、圆锥面、尖拱形面的母线方程,代入式(2.30)中得到各自的阻力系数。

(1) 对于球面整流罩,其母线方程为

$$R = R_M \sqrt{1 - \left(\frac{x}{L} - 1\right)^2} \qquad (2.31)$$

式中,R_M 为旋成体最大横截面积的半径,L 为旋成体长度。

将其代入式(2.30),则有

$$C_P = \frac{1}{\lambda^2}\left[\ln\frac{BR_M \sqrt{1 - \left(\dfrac{x}{L} - 1\right)^2}}{2} - \frac{\ln x}{2} - \frac{1}{4}\frac{(L-x)^2}{Lx - x^2}\right] \qquad (2.32)$$

式中,$B = \sqrt{M^2 - 1}$,M 为马赫数。

(2) 对于椭球面整流罩,其母线方程为

$$R(x) = 2R_M \sqrt{\frac{x}{L}\left(1 - \frac{x}{L}\right)} \qquad (2.33)$$

将其代入式(2.30),则有

$$C_P = \frac{1}{\lambda^2}\left[\ln\frac{BR_M \sqrt{\dfrac{x}{L}\left(1 - \dfrac{x}{L}\right)}}{2} - \frac{\ln x}{2} - \frac{1}{16}\frac{(L-2x)^2}{Lx - x^2}\right] \qquad (2.34)$$

式中,$\lambda = \dfrac{L/2}{2R_M}$。

(3) 对于抛物面整流罩,其母线方程为

$$R = R_M\left[\frac{x}{L}\left(2 - \frac{x}{L}\right)\right] \qquad (2.35)$$

将其代入式(2.30),则有

$$C_P = \frac{1}{\lambda^2}\left\{2\ln\frac{BR_M\left[\dfrac{x}{L}\left(2 - \dfrac{x}{L}\right)\right]}{2} - \frac{(1-x)^2}{L^2}\right\} \qquad (2.36)$$

（4）对于圆锥面整流罩,其母线方程为

$$R = x\theta \tag{2.37}$$

将其代入式（2.30）,则有

$$C_P = \theta^2\left(2\ln\frac{2}{B\theta} - 1\right) \tag{2.38}$$

式中,θ 为圆锥半顶角。

（5）对于尖拱形面整流罩,其母线方程为

$$R = \frac{1}{2}\left\{\left[(4\lambda^2 - 1) + 16\lambda^2 x(2 - x)\right]^{1/2} - (4\lambda^2 - 1)\right\} \tag{2.39}$$

将其代入式（2.30）,则有

$$C_P = \theta^2\left(2\ln\frac{2}{B\theta} - 1\right) + \frac{1}{\lambda^2}\left[\ln\frac{BR_M\sqrt{1 - \left(\frac{x}{L} - 1\right)^2}}{2} - \frac{\ln x}{2} - \frac{1}{4}\frac{(L - x)^2}{Lx - x^2}\right] \tag{2.40}$$

为简单起见,以上旋成体阻力系数可近似表示为

$$C_P = 3.6/\left[(L/2D)(M - 1) + 3\right] \tag{2.41}$$

由上式可以看出,空气阻力将随着长径比 L/D 的增加而急剧减小。

2.1.5　整流罩长径比的选择

长径比是整流罩的重要参数,它与导引头的空气阻力、速度以及光学成像能力密切相关。长径比是描述整流罩表面形状延长程度的参量,可以定义为整流罩外表面的长度 L 与相对应的底面直径 D 的比值,记为 $F = L/D$,从图 2.17 中可以比较直观地理解。从定义中可以看出,整流罩外长径比越大,整流罩的形状越尖、越长；长径比越小,形状越钝、越短。

传统球型整流罩的长径比为 0.5,这种面型整流罩加工难度低,光学性能好,但是整体的空气动力学性能差。增加长径比可以降低整流罩的空气阻力和空气热能,减弱飞行器的损耗,提高飞行速度,增大飞行距离。但是随着长径比的增加,由于其面型的非中心对称性而引入的像差也会同时增大。由于现代导引头高速高精度方面的需求,整流罩需要在满足光学特性的基础上降低空气阻力,提高动力学性能。图 2.18 给出了整流罩长径比、空气阻力、飞行速度的关系[6],从图中可以看出在马赫数为 2 的条件下,长径比为 2

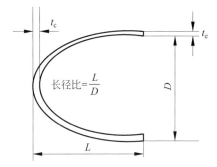

图 2.17　整流罩示意图及其长径比的定义

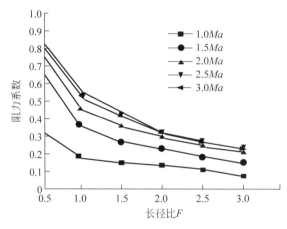

图 2.18 整流罩空气动力学曲线

时的空气阻力系数约为长径比为 0.5 时的 1/3。

大的共形整流罩长径比,如 $L/D=6$,在空气动力学的意义上是理想的,但是探测目标的能力低。小的共形整流罩长径比,如 $L/D=0.5$,在电磁学角度是理想的,探测目标的能力较高;对于长度受限的导弹,还可以增加推进剂的长度和空间。动力学性能与探测能力是相互矛盾的,需根据实际情况而定。对于超音速导弹,适当的长径比约为 2。

2.1.6　红外探测距离分析

探测距离是红外搜索跟踪(infrared search and track,IRST)系统的核心指标之一,是评价、检测红外系统的主要性能参数,需要对它作专门的研究。探测距离除了与红外系统的光学孔径有关,还与目标辐射亮度、背景辐射亮度、探测器的灵敏度、信噪比(SNR)等参数密切相关。探测距离的数学模型[7]如下:

$$R = \left[\delta \mid (L_t - L_{bg})/N_t \mid A_t A_0 \tau_a(R) \tau_0 \frac{D \cdot}{(A_d/2t_{int1})^{1/2} \text{SNR}} \right]^{1/2} \quad (2.42)$$

式中,R 为系统到目标的作用距离(m),L_t 为目标的辐射亮度(W・cm^{-2}・sr^{-1}),L_{bg} 为背景辐射亮度(W・cm^{-2}・sr^{-1}),N_t 为目标在焦平面上所占的像元数,A_t 为目标有效辐射面积(cm^2),A_0 为光学系统孔径面积(m^2),D 为波段有效探测度(cm・Hz$^{1/2}$・W^{-1}),τ_a 为大气透过率,τ_0 为工作时光学系统的透过率,A_d 为探测器单个像元面积(cm^2),t_{int1} 为工作时的积分时间(s),SNR 为探测器输出的、可探测的最低信噪比。

从式(2.42)可以看出,红外探测距离与整流罩光学口径成正比例关系,口径越大,探测的距离越大。但是光学口径大小还受到导引头整体体积的限制,在长度一定的情况下,增大口径势必就要减小长径比。

2.1.7　整流罩材料的选择

为了适应现代光学技术的发展以及在高科技战争中的应用,红外光学材料成为一种必不可少的光学材料,它能够透过红外波段,甚至有些可以透过可见波段,在共形整流罩中应用甚多。

红外材料的性能一般可以分为两种:物理性能和光学性能。物理性能包括硬度、弹性模量、熔点、热膨胀系数、抗腐蚀性等;光学性能包括透过谱段、折射率、色散、透过率等。在共形整流罩的选择中要权衡光学材料的两种性能以及工作环境等。几种整流罩中常用的红外光学材料的特性参数见表 2.2,包括工作波段以及中心波长处的折射率、弹性模量和泊松比、熔点和热膨胀系数[8-9]。

表 2.2　红外光学材料特性参数

材料名称	工作波段 /μm	折射率	弹性模量 /MPa	泊松比	熔点/℃	热膨胀系数 /(10^{-6}/K)
蓝宝石	0.17～6.5	1.7	344.5	0.27	2 050	5.6
MgF$_2$	0.1～8.5	1.3	56.4	0.28	1 255	18.85
CVD-ZnS	1～14.5	2.2	74.5	0.29	1 830	6.6
多光谱 ZnS	1～14.5	2.2	87.6±0.7	0.318	1 830	7.85
Si	1.1～6.5	3.4	130.91	0.318	1 420	2.5
Ge	1～10,30～300	4	103	0.28	937	6.1
CaF$_2$(单晶)	0.1～10	1.41	75.79	0.28	1 357	18.9
CaF$_2$(熔铸)	0.1～10	1.41	111	0.28	1 357	18.7

根据像差理论分析,整流罩材料的折射率越高,系统的像差越大。从表 2.2 可知 Si 和 Ge 的折射率较高,不适合作为整流罩的材料,然而使用色散系数较小的材料时,对系统像差具有较大的校正能力,并且 Si 和 Ge 的配合能够校正红外光学系统的色差,非常适合作为成像光学系统的透镜材料。蓝宝石、MgF$_2$ 和 CaF$_2$ 的折射率较低,然而 CaF$_2$ 的稳定性较差,不适合作为整流罩的材料。若是在 3～5 μm 的中波红外波段,在此波段透过率较高的为蓝宝石和 MgF$_2$,蓝宝石和 MgF$_2$ 材料的硬度比较高、抗腐蚀能力强、光学透过率较高,是整流罩的最佳选择。但是从价格上考虑,蓝宝石材料比较昂贵,现阶段整流罩材料应用最广的仍然为 MgF$_2$。

2.1.8　实现共形整流罩视场扫描的机械结构

作为飞行器窗口或者导弹整流罩的共形窗口需要满足大视场的需求,因此共形整流罩需要设计扫描视场结构,这一结构使用连轴器来实现。连轴器用来连接两轴或轴与其他回转零件,使其一起旋转,起着传递转矩和运动的作用。有的连轴器兼有作为轴系中的弹性件而起调频、减振的作用。

连轴器的种类很多[10]，根据两轴之间的相对位置和相对位移的不同情况，可分为刚性连轴器和挠性连轴器两大类。挠性连轴器中又可分为无弹性元件的、有金属弹性元件的和非金属弹性元件的三种。

在选择连轴器的种类时要考虑以下因素：

（1）连轴器传递载荷的大小和性质。若载荷变化较大，应选择挠性连轴器；若可能出现瞬时过载，宜选择安全连轴器。

（2）连轴器的转速大小。若高速运转，应选择平衡精度较高的连轴器；若变速运转，应选择能适应速度变化产生的惯性冲击和振动的连轴器。

（3）连轴器所连接两轴的相对位移大小。若位移量很小，可选用刚性连轴器；若位移量较大，应选择无弹性元件挠性连轴器或有弹性元件挠性连轴器。

（4）连轴器的传动精度。要求传动精度较高时，可选用刚性连轴器；挠性连轴器常造成从动轴的滞后，影响传动精度。

此外还应考虑连轴器的装拆和调整简易度、工作环境对弹性元件是否有腐蚀作用等。通常使用的是一种无弹性元件挠性连轴器——万向节连轴器。

万向节连轴器用于两轴轴线相交的连接[11]，图 2.19 是十字轴万向节连轴器的基本结构，它由一个十字轴、两个万向节连轴器叉和四个滚针轴承等组成。两个万向节连轴器叉（1 和 3 组成）上的孔分别套在十字轴（2）的两对轴颈上，使叉形接头的平面互相垂直，这样当主动轴转动时，从动轴既可随之转动，又可绕十字轴中心在任意方向摆动。在十字轴轴颈和万向节连轴器叉孔间装有滚针轴承（5），滚针轴承外圈靠卡环轴向定位。为了润滑轴承，十字轴上一般安有注油嘴并有油路通向轴颈，润滑油可以从注油嘴注到十字轴轴颈的滚针轴承处。这种连轴器的结构紧凑，维护方便，传递转矩较大，传动效率高，被连两轴的夹角可达 $35°\sim45°$。在两轴夹角 α 不为零的情况下，不能传递等角速转动。

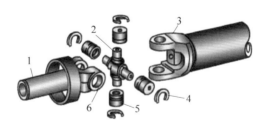

1—套筒；2—十字轴；3—传动轴；4—卡环；5—滚针轴承；6—套筒叉。

图 2.19　十字轴万向节连轴器结构

设主动叉由如图 2.20 所示初始位置转过 φ_1 角，从动叉相应转过 φ_2 角，由机械原理可以得出

$$\tan\varphi_1 = \tan\varphi_2 \times \cos\alpha \tag{2.43}$$

以主动叉转角 φ_1 为横坐标,主动叉转角和从动叉转角之差 $\varphi_1 - \varphi_2$ 为纵坐标,当 $\alpha = 10°$、$\alpha = 20°$、$\alpha = 30°$ 时,$\varphi_1 - \varphi_2$ 随 φ_1 变化曲线如图 2.21 所示。

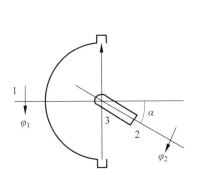

图 2.20　十字轴刚性万向节
连轴器示意图

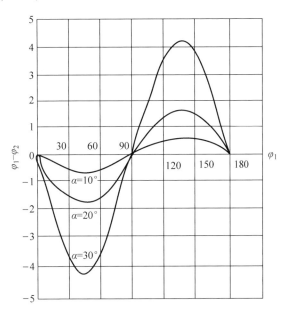

图 2.21　十字轴刚性万向节连轴器不等速
特性曲线

如果主动叉转角匀速转了 180°,从动叉转角的运动状态是:比主动叉转角转得快→比主动叉转角转得慢→又比主动叉转角转得快。当主动叉转角转过 90° 时,从动叉转角也转过 90°;当主动叉转角转过 180° 时,从动叉转角也转过 180°。

从图 2.21 中还可以看出,万向节连轴器两轴夹角 α 越大,从动叉转角 φ_2 和主动叉转角 φ_1 之差也越大。如果主动叉是匀速转动的,随着万向节连轴器两轴夹角的增大,从动叉转速的不均匀性变大。单个十字轴万向节连轴器传动的不等速性,将使从动轴与与其相连的传动部件产生扭转振动,从而产生附加的交变载荷,影响零部件使用寿命。

为了消除传动过程中由于轴间夹角 α 的存在对从动轴旋转均匀性的影响,可选用各种形式的等速万向节连轴器。常见的等速万向节连轴器有双联式和三枢轴式两种,它们的工作原理与上述双十字轴式万向节连轴器实现等速传动的原理是一样的[12]。

图 2.22 所示为双联式万向节连轴器结构图,它实际上是一套将传动轴长度缩减至最小的双十字轴式万向节连轴器等速传动装置,双联叉(7)相当于传动轴及两

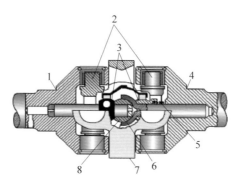

1,4—万向节连轴器叉；2—导向套；3—油封；5—弹簧；6—球碗；7—双联叉；8—球头。

图 2.22　双联式万向节连轴器结构

端处在同一平面上的万向节连轴器叉。在图 2.23 所示的双联式万向节连轴器的工作原理中，设有保证输入轴与双联叉轴线间夹角 α_1 和双联叉轴线与输出轴间夹角 α_2 近似相等的分度机构。在万向节连轴器叉(4)的内端有球头，万向节连轴器叉(1)内端有导向套(2)。球碗放于导向套内，被弹簧压向球头。在两轴夹角为 $0°$ 时，如果球头与球碗的中心(实际上也是输出轴与输入轴的交点)能沿两十字轴中心连线的中垂线移动，就能满足 $\alpha_1=\alpha_2$ 的条件，但是球头与球碗的中心(实际上就是球头的中心)只能绕万向节连轴器叉上的十字轴中心作圆弧运动。当输出轴与输入轴的交角较小时，处在圆弧上的两轴轴线交点离上述中垂线很近，如图 2.23 所示，使得 α_1 与 α_2 的差值很小，能使两轴角速度接近相等，所以称双联式万向节连轴器为准等速万向节连轴器。

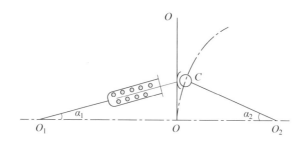

图 2.23　双联式万向节连轴器工作原理图

自由三枢轴等速万向节连轴器结构组成如图 2.24 所示，这种万向节连轴器包括三个位于同一平面内互成 $120°$ 的枢轴，它们的轴线交于输入轴上一点，并且垂直于驱动轴。三个外表面为球面的滚子轴承，分别活套在各枢轴上。一个漏斗形轴(5)，在其筒形部分加工出三个槽形轨道。三个槽形轨道在筒形圆周是均匀分布的，轨道配合面为部分圆柱面，三个滚子轴承分别装入各槽形轨道，可沿轨道滑动。

每个外表面为球面的滚子轴承能使其所在枢轴的轴线与相应槽形轨道的轴线相交。当输出轴与输入轴夹角为 0°时,由于三枢轴的自动定心作用,能自动使两轴轴线重合;当输出轴与输入轴交角不为 0°时,因为球形滚柱可沿枢轴线移动,所以它还可以沿各槽形轨道滑动。这就保证了输入轴与输出轴之间始终可以传递动力,并且是等速传动。

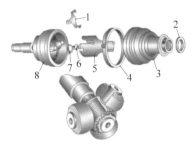

1—锁定三角架;2—橡胶紧固件;3—保护罩;4—保护罩卡箍;5—漏斗形轴;
6—止推块;7—垫圈;8—外座圈。

图 2.24 自由三枢轴等速万向节连轴器结构组成

2.2 传统球形整流罩的像差特性

与传统的平面和球面窗口相比,共形整流罩窗口会引入大量不规则的像差,并且随着视场角和扫描视场的变化而变化,需要对这种像差特性进行深入分析研究,以利于后续光学系统的设计。泽尼克多项式是描述波前像差的常用工具,可对波前进行分解,它的每一项是互为正交、线性无关的,而且可以唯一地、归一化描述系统圆形孔径的波前畸变。

根据泽尼克多项式的前 16 项在出瞳处对球形整流罩波前像差拟合的结果,得知三阶及五阶泽尼克多项式中只有 $Z9$(三阶球差)和 $Z16$(五阶球差)的系数是非零的,且当视场角变化时,这些像差基本不变,如图 2.25 所示。

球形整流罩内外表面具有相同的曲率中心,万向节位于该中心,系统关于扫描视场轴向对称。由于其中心点对称性,主要像差为球差,大小为 $1.471\,2\lambda$,像散和彗差相对很小,分别为 0.007λ 和 0.004λ。

传统球形整流罩的像差分析已经相当成熟,为了对比分析非对称整流罩的像差,以下给出居中球形整流罩和偏心球形整流罩的像差分析。

1. 居中球形整流罩像差

传统光学整流罩首选的形状为球形,其内外表面具有相同的曲率中心,万向节位于该中心,系统关于扫描视场轴向对称。为了准确描述整流罩引入的像差,假设

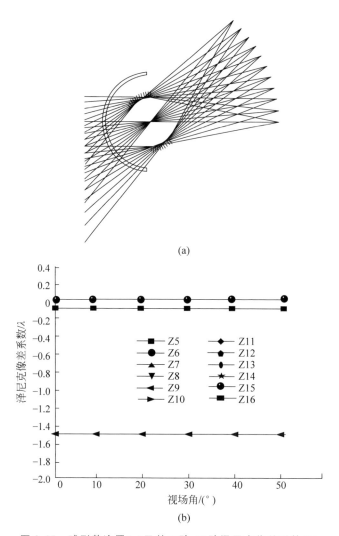

(a)

(b)

图 2.25　球形整流罩(a)及其三阶、五阶泽尼克像差系数(b)

物点位于无穷远处,并假设整流罩的后继光学元件为理想透镜,这样可以忽略系统中其他光学元件对像差造成的影响。如图 2.26 所示为半球形整流罩后置理想透镜,该整流罩模型采用的材料为 ZnS,波长 λ 为 4 μm,整流罩的外直径 D 为 160 mm,中心厚度 T_c 和边缘厚度 T_e 均为 3.5 mm,长径比 F 为 0.5。将理想透镜作为系统的孔径光阑,系统视场角为 1°,通过将整流罩内的理想透镜旋转不同的角度,研究不同扫描视场时整流罩的像差特性。

光学整流罩并不是简单的光学窗口,因为整流罩对入射光波产生显著的影响,必须由系统中的其他光学元件来平衡由其引入的波像差,因此其替换性非常差。

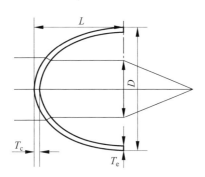

图 2.26　半球形整流罩后置理想透镜

图 2.27 所示为整个扫描视场(FOR)的三阶泽尼克像差系数图,一般地,万向节点置于球形整流罩曲率中心时的主要像差为球差。从图中可以看出主要的非零像差是三阶球差(轴上或 $0°$ 视场)。图 2.28 与图 2.27 相似,显示的是五阶泽尼克像差系数,其中五阶球差也是主要的非零像差。图 2.29 和图 2.30 所示为系统三阶像散和三阶彗差与视场的关系图。最大像散值为 0.002λ,彗差为 1.2λ,因此必须对彗差加以校正而不用校正像散。

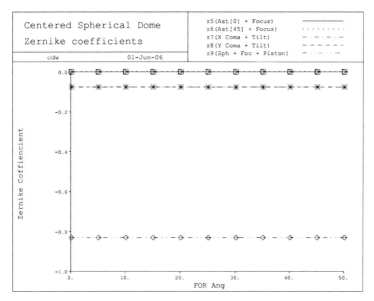

图 2.27　球形整流罩的三阶轴上泽尼克像差系数图

2. 偏心球形整流罩像差

尽管大多数球形整流罩的像差都是关于点(球心)对称的,但是研究偏心球形整流罩的像差更具有实际意义,实际系统很难实现完全对称,因此讨论偏心系统对

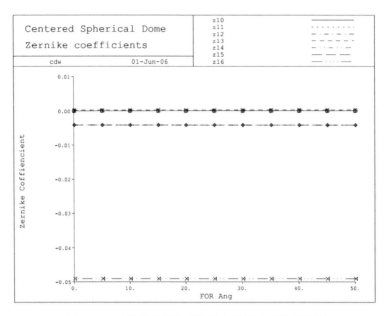

图 2.28　球形整流罩的五阶轴上泽尼克像差系数图

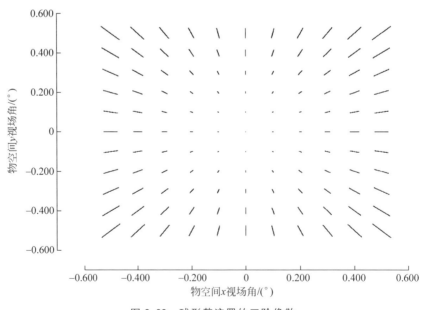

图 2.29　球形整流罩的三阶像散

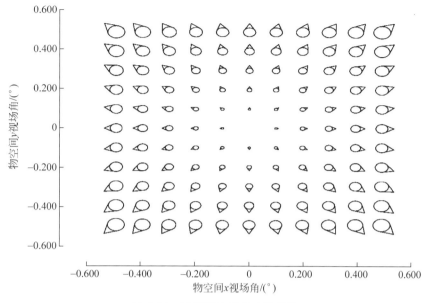

图 2.30　球形整流罩的三阶彗差

于对称系统也很有必要,并且偏心球形整流罩中的许多研究结论可以直接应用到共形整流罩中[13]。

　　如图 2.31 所示偏心系统中的理想透镜垂直向上偏移 22 mm(＋y 方向),其他参数与原居中系统的参数一致。

　　偏心造成系统的不对称性,导致像散和彗差等像差增大。图 2.32 和图 2.33 为系统轴上像差与扫描视场的函数关系图,从图中可以看出偏心球形整流罩中引入了三阶和五阶球差、像散、彗差。在整个扫描视场内,球差不为零但大小基本不变,泽尼克多项式中的像散和

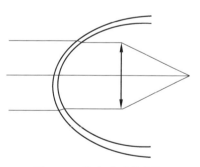

图 2.31　偏心球形整流罩

彗差不为零。另外,像散和彗差的大小随着扫描视场的变化而变化,这种非线性导致校正像差变得困难,使后继光学元件的设计更为困难。

　　图 2.34 和图 2.35 所示为扫描视场为 0°时的三阶像散和彗差与视场的函数关系图。比较图 2.28、图 2.29 和图 2.34、图 2.35 可以看出,像散值由居中系统的 0.012λ 变化到偏心系统的 12λ,彗差值也相应地由 1.2λ 变化到 30λ,由此可见,偏心引入了大量的轴上像散和轴上彗差。由偏心引入的像散和彗差会严重影响系统成像效果,加大了系统像差校正的难度,使后续光学元件的设计更为困难。

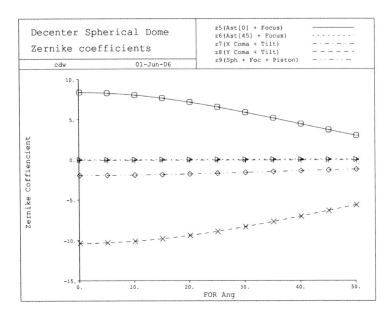

图 2.32　偏心球形整流罩的三阶轴上泽尼克像差系数图

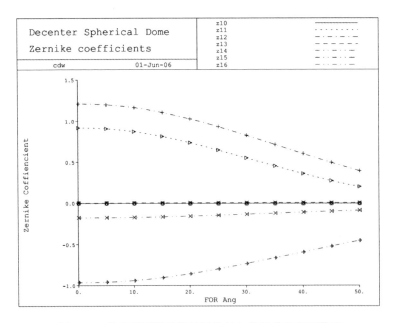

图 2.33　偏心球形整流罩的五阶轴上泽尼克像差系数图

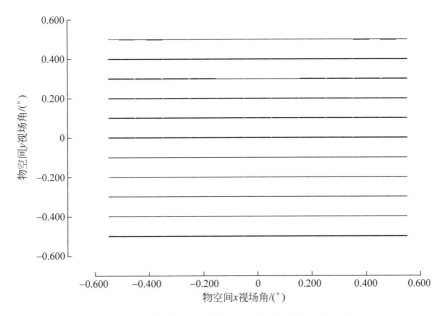

图 2.34　0°扫描视场时偏心球形整流罩的三阶像散

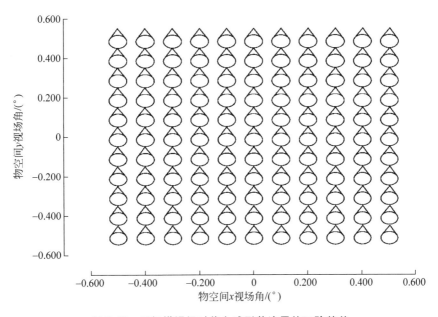

图 2.35　0°扫描视场时偏心球形整流罩的三阶彗差

2.3　共形整流罩的像差特性

常见的共形整流罩为椭球形整流罩,其形状用整流罩的长径比 F 来衡量。如图 2.36 所示的整流罩的长径比 $F=1.0$,外直径 $D=160$ mm,中心厚度 T_c 和边缘厚度 T_e 均为 3.5 mm,玻璃材料为 ZnS,系统波长为 4 μm。本节以此为例分析共形整流罩的像差特性。

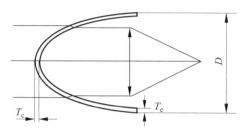

图 2.36　$F=1.0$ 的椭球形共形整流罩

2.3.1　扫描视场对共形整流罩像差的影响

据 2.1.4 节分析,应用椭球形共形整流罩的系统具有更明显的空气动力学优势,但其会带来比球形整流罩更大的像差,特别是彗差与像散。在共形光学系统观察视场变化的过程中,椭球形整流罩带来的像差与球形整流罩带来的像差相比有很多不同的特性。首先,各个子视场的近轴主光线的特性随着各个子视场的入瞳位置、主节点位置等一阶特性的变化而变化;其次,椭球形结构的非零观察视场还存在目标方位偏移以及近轴光线同椭球形整流罩内外表面法线夹角不同的问题[3]。

为了更加直观地观察椭球形共形整流罩随着视场变化而变化的像差,构建了一个长径比为 1 的共形整流罩,如图 2.37 所示,无穷远光线通过椭球形共形整流罩后经过理想透镜会聚成像,在一定离焦量的情况下,观察点列图等像质评价数据来对椭球形共形整流罩所引入的像差进行定性定量的分析。

不同视场的成像点列图如图 2.38 所示。通过不同视场的点列图可以定性地发现,在 0°视场时,椭球形共形整流罩具有球差。随着扫描视场的不断增加,椭球形共形整流罩的彗差也在不断增加。

在不同的视场,给定光学系统不同的离焦量,在 20°视场时离焦量为 0,这并不影响像散以及场曲的观察。如图 2.39 所示,从像散的角度来看,0°视场时,像散为零,随着扫描视场角的增大,像散不成比例地明显增大。从场曲来看,0°视场场曲为零,随着观察视场角的增大,场曲呈明显增大的趋势。

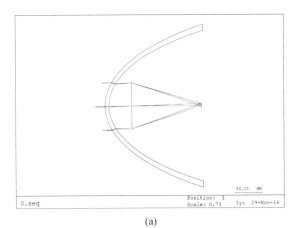

(a)

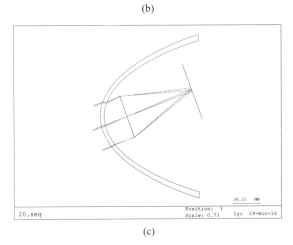

(b)

(c)

图 2.37 椭球形共形整流罩不同视场成像光路图

(a) 0°视场;(b) 10°视场;(c) 20°视场

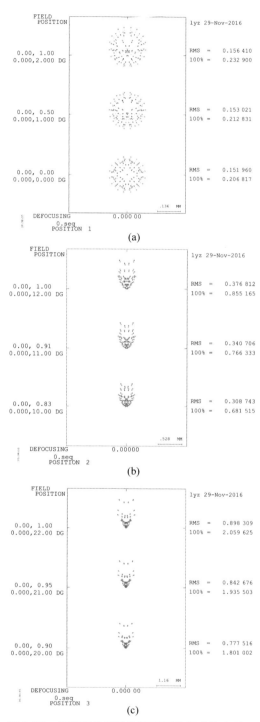

图 2.38 椭球形共形整流罩不同视场成像点列图
（a）0°视场；（b）10°视场；（c）20°视场

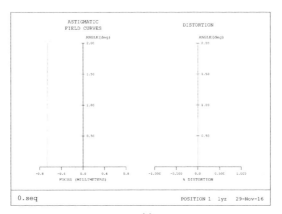

(a)

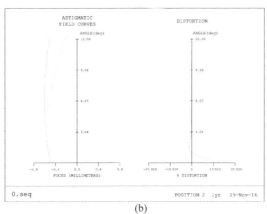

(b)

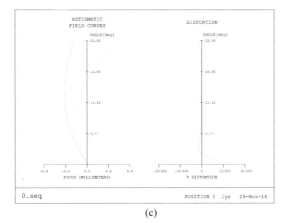

(c)

图 2.39　椭球形共形整流罩不同视场像差曲线图

（a）0°视场；（b）10°视场；（c）20°视场

通过上述举例分析可以直观得知,与传统的球罩相比,应用椭球形整流罩的共形系统具有更优越的空气动力学性能,但是会带来更多的像差,随着长径比的增大,系统的空气动力学性能将更加优秀,但是会带来更大的离轴像差。所以平衡共形光学系统的空气动力学性能以及所引入的像差是非常重要的,与此同时,要尽可能地寻找方法对椭球形整流罩所引入的额外像差进行校正,尽可能地在对像质影响较小的前提下提升系统的空气动力学性能。泽尼克多项式不但能直观地描述椭球形整流罩随视场变化而变化的像差,并且在之后的校正中,也可以通过泽尼克面型对动态像差的校正量进行描述。

2.3.2　长径比对共形整流罩像差的影响

从空气动力学角度考虑,整流罩的长径比越大其阻力系数越低,因此长径比越大越好,但是长径比的增加对像差会有较大的影响。为了研究长径比增加对光学性能的影响,建立了如图 2.40 所示的二次曲面共形整流罩模型。长径比 $F=1.5$,其他参数与 $F=1.0$ 的整流罩相同。图 2.40 为 $F=1.5$ 的二次曲面共形整流罩示意图。

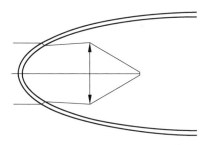

图 2.40　$F=1.5$ 的二次曲面共形整流罩

长径比 $F=1.5$ 与 $F=1.0$ 的两种整流罩的像差存在许多相似之处。最显著的共同点是两者的主要像差都是像散和彗差;但也存在很大的差异,相对于 $F=1.0$ 的共形整流罩,$F=1.5$ 的整流罩的像差曲线有明显的偏移。图 2.41 和图 2.42 所示为整个扫描视场内($0°$视场)的三阶和五阶泽尼克像差系数图。像差曲线的形状也大不相同,在该模型中,像散值在小于 $23°$ 扫描视场时为正值,之后出现负值,且下降速度非常快;彗差曲线与之相似。

从两种模型高阶像差性质比较中可得出以下结论:像差的变化趋势基本相近,但 F 越大,像差的变化越快,即共形整流罩的 F 越大,引入的像差越大。如果在增加 F 的同时保持其他参数不变,则曲率半径将减小。一般地,曲率半径的减小会使整流罩光焦度增加,波像差增大。

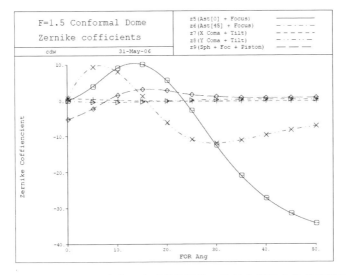

图 2.41　$F=1.5$ 二次曲面共形整流罩的三阶轴上泽尼克像差系数图

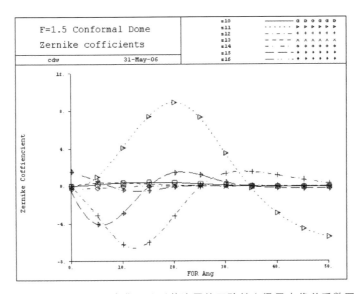

图 2.42　$F=1.5$ 二次曲面共形整流罩的五阶轴上泽尼克像差系数图

2.3.3　厚度对共形整流罩像差的影响

2.3.1 节和 2.3.2 节所述整流罩都是等厚度的,即整流罩的顶点厚度与边缘厚度相等。在球形整流罩中由于其固有的对称性,一般球形整流罩都是等厚度的。共形整流罩并不具有点对称性,因此无需保持顶点与边缘厚度等厚。图 2.43 中所示整流罩的边缘厚度为顶点厚度的 90%（中心厚度 $T_c = 3.5$ mm，边缘厚度 $T_e = 3.15$ mm），$F = 1.0$，其他参数与 2.3.2 节中 $F = 1.0$ 等厚整流罩相同。

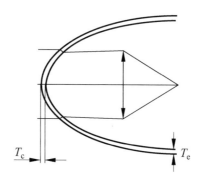

图 2.43　$F = 1.0$，边缘厚度为顶点厚度 90% 的二次曲面共形整流罩

　　图 2.44 和图 2.45 为整个扫描视场内的三阶和五阶轴上泽尼克像差系数图。像差曲线形状与 2.3.2 节中 $F = 1.5$ 等厚度结构的像差形状相似，但其幅值减小了一半。减小整流罩边缘厚度的最大优势在于彗差显著减小。与 $F = 1.0$ 等厚度结构相比，三阶彗差和五阶球差保持不变。等厚与不等厚结构中的五阶像差大小基本相同。比较图 2.42 和图 2.45，可看出五阶泽尼克像差系数 $Z11$ 的变化是最显著的。

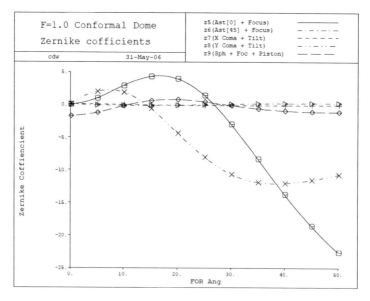

图 2.44　$F = 1.0$，边缘厚度/顶点厚度 $= 90\%$ 的二次曲面共形整流罩的三阶
　　　　轴上泽尼克像差系数图

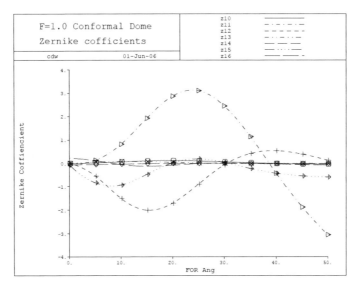

图 2.45　$F=1.0$,边缘厚度/顶点厚度＝90％的二次曲面共形整流罩的五阶轴上
泽尼克像差系数图

2.3.4　抛物面、尖拱面、圆锥面整流罩的像差特性

与椭球面整流罩相似,抛物面、尖拱面、圆锥面这三种面型不具有点对称性,轴外视场也不再具有对称性,导致引入较大的像散和彗差。球差、像散、彗差均不为零,并且它们的大小随着视场的变化而变化。椭球面、抛物面、尖拱面、圆锥面这四种类型整流罩前端从钝头逐渐变成尖头。如图 2.46 所示,这种结构的变化也会使得它们各自的像差呈现不同的特点。

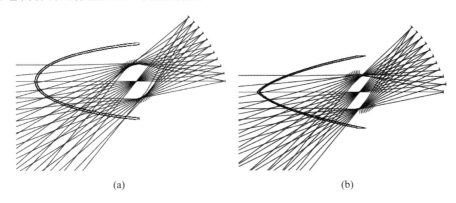

(a)　　　　　　　　　　　　　　　(b)

图 2.46　椭球面整流罩和尖拱面整流罩的建模仿真

(a) 椭球面；(b) 尖拱面

采用泽尼克多项式分析方法，分别得出抛物面、尖拱面和圆锥面这三种非球面的泽尼克多项式。它们的三阶和五阶泽尼克像差系数随视场角变化的曲线如图 2.47 所示(略去像差为零的项)。图 2.47(a)~(d)分别为椭球面、抛物面、尖拱面、圆锥面的像差特性。

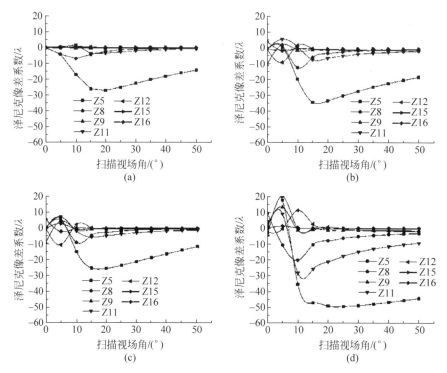

图 2.47　椭球面、抛物面、尖拱面、圆锥面整流罩泽尼克像差系数图
(a) 椭球面；(b) 抛物面；(c) 尖拱面；(d) 圆锥面

抛物面、尖拱面、圆锥面像差非零项为 Z5、Z8、Z9、Z11、Z12、Z16 这几项，并且数值均随视场变化，如图 2.47 所示，每种面型变化规律有其各自的特点。将这三种面型以及球面和椭球面的特点总结见表 2.3，球面整流罩在整个视场范围内球差为主要像差项，并不随视场发生变化。抛物面、尖拱面整流罩近轴(FOV=0°~2°)时，球差为主要像差。随着视场增大(FOV>5°)，像散和彗差随之增大并成为主要像差系数项。尖拱面整流罩在近轴时除了球差之外，还存在像散和彗差。随着视场增大，三阶像差系数项变化范围很小。

相比球面整流罩，椭球面、抛物面、尖拱面、圆锥面这四种面型窗口引入的最多的像差是彗差和像散，其次是球差，并且它们的大小随着视场的变化而变化。相比而言，引入的圆锥面最多、椭球面最少、抛物面和尖拱面大小相当。椭球面整流罩前端曲率最小，圆锥面的最大，表面曲率大则球差大。

表 2.3　五种面型的泽尼克像差系数变化规律与各自特点

面型	非零项数	随视场变化规律	特点
球面	Z9、Z16	数值不随视场变化	数值最小
椭球面	Z5、Z8	近轴时(视场角 0°~2°)只有 Z9、Z16 两项非零。视场角大于 5°时,Z5 数值变为最大,其次为 Z8、Z9、Z11、Z12,最小的为 Z16,并且数值随着视场角的增大呈现先增大后减小的趋势	数值比球面大,但比其他面型小
抛物面	Z9、Z11		数值比椭球面稍大
尖拱面	Z12、Z16		近轴时比 Z16 项数值抛物面整流罩大,轴外其他项相比较小
圆锥面	无	近轴时(视场角 0°~2°),六项均不为零。视场角大于 5°时,这几项随视场变化的幅度很小,Z5、Z9 数值几乎不变	整体的系数项数值在所有面型中是最大的

　　前端整流罩引入的主要像差由后继成像元件做出相对应的像差补偿,比如椭球形整流罩需要校正轴外的彗差和像散,抛物面和尖拱面则还需要校正近轴的球差,各种像差的分配要视具体情况而定。特别指出,圆锥面(前端除外)表面曲率是一致的,轴外视场有很好的成像性质,例如三阶彗差不随视场改变,可以利用这一性质采用离轴成像的方法,即将系统的光轴偏离整流罩的旋转对称轴,使其前端不参与成像,后续光学系统的设计也会变得更加容易。这些特点总结于表 2.4 中。

表 2.4　四种非球面整流罩的像差特点

面型	引入像差	特　　点
椭球面	彗差和像散、球差,并且均随着视场的变化而变化	像差数值最小,需校正轴外彗差和像散
抛物面		除校正轴外彗差和像散外,需要校正近轴球差
尖拱面		抛物面近轴高阶球差比尖拱面大,轴外彗差和像散相比较小
圆锥面		像差数值最大,近轴和轴外三种像差均需校正。但其轴外视场由很好的成像性质,三阶彗差、三阶球差均不随视场改变

2.3.5　万向节连轴器位置对共形整流罩像差的影响

　　应用椭球形球罩的共形光学系统一般通过万向节连轴器进行视场扫描,在这种扫描结构下,定义垂直于光阑面并且通过光阑中心的对称轴为光轴。万向节连轴器的位置对于整流罩乃至整个光学系统的像差特性都有重要影响。

　　为说明不同位置的万向节连轴器对系统三阶像差的影响,设计椭球形整流罩,材料为蓝宝石,入瞳直径为 24 mm,适用波长为 4 μm,等厚度结构且厚度为 3.5 mm,后继成像系统假设为理想透镜,且理想透镜随着万向节连轴器转动。使万向节连轴器的位置从整流罩曲率中心沿着 z 轴向左、右各移动 15 mm,即距离整流罩顶端 25~55 mm 连续变化。

从图 2.48～图 2.51 可以看出三种像差与相对拱尖的万向节位置(gimbal position)和相对视场的关系,其变化规律可总结为以下几点:

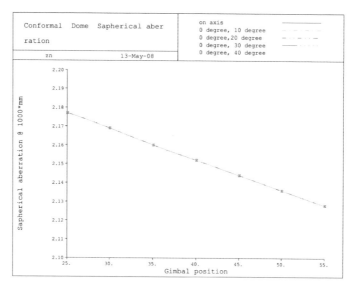

图 2.48　三阶球差关于万向节连轴器位置的变化曲线

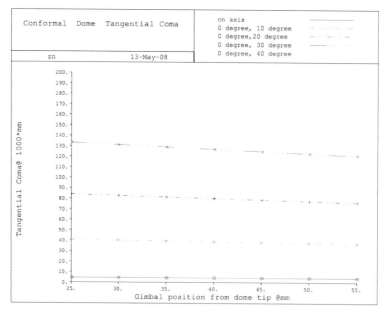

图 2.49　三阶彗差关于万向节连轴器位置的变化曲线

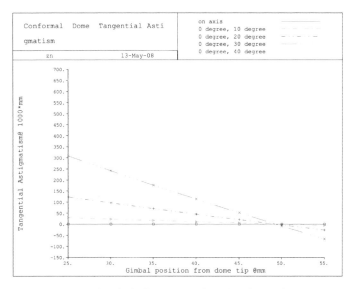

图 2.50　三阶子午像散关于万向节连轴器位置的变化曲线

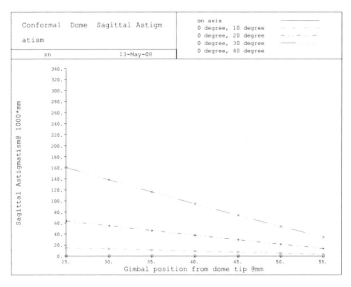

图 2.51　三阶弧矢像散关于万向节连轴器位置的变化曲线

（1）球差不随相对视场的变化而变化,球差与万向节连轴器位置的关系近似为线性的;

（2）彗差随相对视场的变化而变化,但万向节连轴器的位置变化对其影响较小;

（3）像散同时受万向节位置和相对视场影响且变化明显,但在子午面和弧矢面上可以找到一个像散总量最小的位置。

综上所述,万向节连轴器的位置对于彗差和球差的影响较小,对像散影响显著。

2.3.6 泽尼克像差系数表达式

泽尼克多项式最早是由泽尼克在研究圆孔反射镜的检测时提出的,他当时用的方法是相位比对法。后来的研究学者将多项式应用在对光学系统进行像差平衡和分析小像差对系统衍射像的影响。泽尼克多项式在圆形光瞳上具有完备正交性,可以用径向函数和方位函数表示。泽尼克多项式具体的表示形式为[14]

$$
Z_j(r,\theta) = \begin{cases} C_n^m R_n^m(r)\cos(m\theta), & j \text{ 为偶数}, m \neq 0 \\ C_n^m R_n^m(r)\sin(m\theta), & j \text{ 为奇数}, m \neq 0 \\ C_n^0 R_n^0(r), & m = 0 \end{cases} \tag{2.44}
$$

$$
R_n^m(r) = \sum_{s=0}^{\frac{n-m}{2}} (-1)^s \frac{(n-s)!}{s!\left(\dfrac{n+m}{2}-s\right)!\left(\dfrac{n-m}{2}-s\right)!} r^{n-2s} \tag{2.45}
$$

$$
C_n^m = \begin{cases} [2(n+1)/\pi]^{1/2}, & m \neq 0 \\ [(n+1)/\pi]^{1/2}, & m = 0 \end{cases} \tag{2.46}
$$

式中,$0 \leqslant r \leqslant 1$,$0 \leqslant \theta \leqslant 2\pi$,$j$ 为多项式的序号,n 为多项式的径向数,m 为多项式的角向数。n 和 m 同时还满足 $n \geqslant 0$、$m \geqslant 0$、$m \leqslant n$,以及 $n-m$ 为偶数。

组成泽尼克多项式的正交多项式多达 37 项,不同的项数可以描述不同的像差。一般来说,前 15 项的泽尼克多项式就可以描述光学系统的低阶像差,为了表述方便,表 2.5 只列出了 8 项泽尼克项所代表的像差,15 阶泽尼克多项式所表示的波形如图 2.52 所示[14]。

表 2.5 泽尼克像差系数代表像差

序号	阶数	表达式(极坐标系下)	像 差
1	0	1	平移
2	1	$2r\cos\theta$	x 方向倾斜
3	1	$2r\sin\theta$	y 方向倾斜
4	2	$\sqrt{3}(2r^2-1)$	离焦
5	2	$\sqrt{6}\, r^2\sin2\theta$	45°像散
6	2	$\sqrt{6}\, r^2\cos2\theta$	0°或 90°像散
7	3	$\sqrt{8}(3r^3-2r)\sin\theta$	y 轴三级彗差
8	3	$\sqrt{8}(3r^3-2r)\cos\theta$	x 轴三级彗差

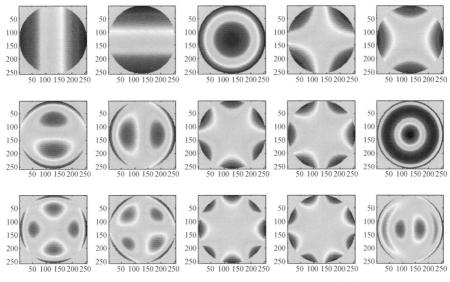

图 2.52　前 15 阶不同泽尼克像差系数对应波形[15]

2.4　共形光学系统的像差校正器

像差校正器作为共形光学系统的核心部件,已经有较成熟的发展。共形光学系统中校正器一般分为两种:被动型和主动型。

被动型校正器又称为固定校正器;主动型校正器是指校正器能够随万向支架系统扫描的移动来主动补偿像差,包括弓形校正板、泽尼克光楔校正器和可变形反射镜校正器等。

2.4.1　固定校正器

固定校正器位于整流罩和万向架之间,安装固定在整流罩内部,如图 2.53 所示为固定校正器示意图。当万向架成像系统进行扫描工作时,固定校正器静止不动。固定校正器往往需要采用复杂的面型结构甚至多种材料来增加设计的自由度,然而它处在整流罩内部,对校正器的尺寸、面型质量都有局限,所以校正能力有限。大量的设计结果表明:固定校正器对于小口径的共形整流罩像差校正非常理想,尤其是对球差和彗差的校正。对于大口径的共形光学系统,固定校正器也可以较好地校正共形整流罩所产生的球差和彗差,但是对于像散严重的共形整流罩,校正效果就会很差,影响整个系统的综合成像质量,像差校正结果很难达到像质要求[15-16]。

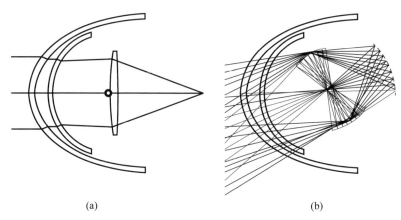

（a）　　　　　　　　　　　　　　　　　　　　（b）

图 2.53　固定校正器示意图[16]

（a）0°视场；（b）扫描大视场

利用二元光学元件作固定校正板[17]。二元光学元件利用不同深度的高低台阶浮雕结构,形成衍射效率极高的纯相位衍射光学元件,它可以突破传统光学元件的局限实现非球面、环状面、锥面等光学波面,来控制光学波前的相位、振幅和偏振。二元光学元件具有更多自由度、更多材料选择、小型化、质量轻、价格低等优点。

二元光学元件与光程差(optical path difference,OPD)之间的数学关系如下:

二元光学元件所产生的相位表达式为

$$\phi(x,y) = \frac{2\pi}{\lambda} \sum_{n,m} a_{nm} x^n y^m \tag{2.47}$$

式中,a_{nm} 为二元光学元件的相位系数,将不同的相位转换为在极坐标下的 OPD,表达式为

$$\mathrm{OPD}(r,\vartheta) = 2\pi \sum_{n,m} a_{nm} r^{n+m} (\cos\theta)^n (\sin\theta)^m \tag{2.48}$$

OPD 和泽尼克多项式之间的关系表达式为

$$\mathrm{OPD}(r,\vartheta) = A_{00} + \frac{1}{\sqrt{2}} \sum_{N=2}^{\infty} A_{n0} R_n^0 + \sum_{n=1}^{\infty} \sum_{m=1}^{\infty} A_{nm} R_n^m(r)(\cos m\theta + \sin m\theta) \tag{2.49}$$

式中,n 和 m 是径向度数和方位频率,A_{nm} 为归一化系数,$R_n^m(r)$ 为径向多项式。由此建立二元光学元件和泽尼克多项式产生的 OPD 关系:

$$2\pi \sum_{n,m} a_{nm} r^{n+m} (\cos\theta)n (\sin\theta)m$$

$$= A_{00} + \frac{1}{\sqrt{2}} \sum_{N=2}^{\infty} A_{n0} R_n^0 + \sum_{n=1}^{\infty} \sum_{m=1}^{\infty} R_n^m(r)(\cos m\theta + \sin m\theta) \tag{2.50}$$

根据以上数学推导,可以得出泽尼克像差系数与 OPD 的关系,然后经过计算

控制二元光学元件的台阶数等参数完成像差校正板的设计。

2.4.2　弓形校正器

弓形校正器[18-20]是固定校正器的一种延伸。它打破了固定校正器的旋转对称性,也正因为这一不对称性,它只能通过与万向节连轴器结合使用,随着万向节一起转动,从而使共形光学系统实现大角度的扫描视场。如图 2.54 所示,弓形校正器由两个同心部分构成,其后端透镜为柱形元件且放置在理想透镜前面,随着万向节连轴器绕轴旋转。

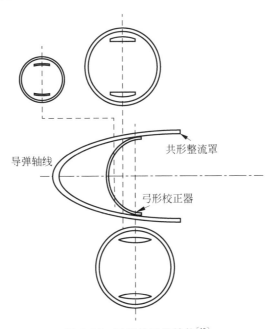

图 2.54　弓形校正器结构[19]

相对于固定校正器,弓形校正器的校正能力有很大提高,其根本原理是弓形校正器增加了自由度,具体表现在弓形校正器的结构是非旋转对称的,它的结构参数可以增加为校正像差的自由变量。由于增加了这些自由变量,使得弓形校正器能够更加灵活地产生随着目标视场变化的面型,进而补偿共形整流罩引起的波前像差,但是对弓形校正器控制系统的精度要求比较严格。

随着视场的扫描,椭球形整流罩实际成像的曲面随着视场的变化而呈现不同形状,各个非零子视场的 0°瞬时视场中心主光线将不再与光轴重合,并有一个夹角,该夹角随着子视场的变化而变化,称为瞄准线偏差。

由 2.3 节可知,共形整流罩影响最大的像差为彗差和像散,为了降低后继光学系统的设计难度,应当设法将这两种最大像差降到最低。弓形校正器可以校正大的扫描视场角以及高折射率材料窗口所带来的像差,即能有效校正像散。

2.3.5节所述的共形整流罩结构中,设万向节连轴器位置为变量,以整流罩的瞄准线偏差为约束,通过软件的优化功能使瞄准线偏差最小,优化结果表明这样同时减小了其他像差。校正器前表面与整流罩之间的厚度为均匀的,选择蓝宝石作为校正器的材料。设定万向节连轴器的旋转角度最大为75°。在这个角度范围内,通过软件优化计算,可以根据边缘光线的折射角和相对于光轴的高度来确定校正器的面型。在理想透镜的前表面放置一个柱形元件,柱形元件位于子午面内,并且其y方向半径随着扫描视场的变化而变化。

经过优化后的系统成像质量得到大大改善,像散明显减小,大大提升了系统的性能。图2.55所示为系统扫描效果。

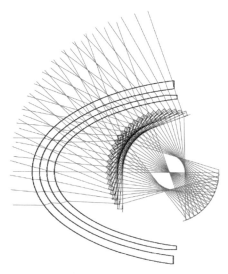

图 2.55 带有校正器的共形系统扫描效果

2.4.3 泽尼克光楔校正器

泽尼克光楔校正方法采用一对雷斯莱(Risley)棱镜,也称反向相位板。其轮廓线可通过泽尼克多项式描述。最终的光学组合表明观测角变化量和像差产生量是棱镜相对它们各自位置的函数,图2.56为泽尼克光楔系统示意图。

使用泽尼克光楔校正方法的优点之一是成像光学器件被固定,低温线和电子器件无需通过万向节转动。泽尼克光楔可与固定校正器配合使用以减小必须由固定校正器提供的平衡像差的总量。

如果棱镜的两个内表面的轮廓用泽尼克多项式描述,则它们的像差可由相关的泽尼克多项式描述。表2.6为波前分解后对应的泽尼克多项式。

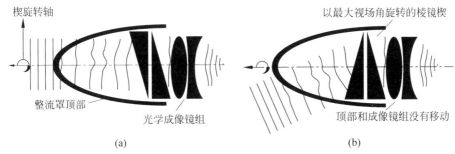

图 2.56　泽尼克光楔系统示意图

(a) 0°视声角；(b) 最大视场角

表 2.6　棱镜泽尼克轮廓面的波前分解

表面泽尼克 像差系数项	相应数学表达式	两棱镜反向旋转 α 角后引入的光程差	波前泽尼克 像差系数项
Z2	$a[r\cos\theta]$	$-2a(n-1)\sin\alpha(r\sin\theta)$	Z3
Z3	$b[r\sin\theta]$	$2b(n-1)\sin\alpha(r\cos\theta)$	Z2
Z5	$c[r^2\cos(2\theta)]$	$-2c(n-1)\sin(2\alpha)[r^2\sin(2\theta)]$	Z6
Z6	$d[r^2\sin(2\theta)]$	$2d(n-1)\sin(2\alpha)[r^2\cos(2\theta)]$	Z5
Z7	$e[(3r^3-2r)\cos\theta]$	$-2e(n-1)\sin\alpha[(3r^2-2r)\sin\theta]$	Z8
Z8	$f[(3r^3-2r)\sin\theta]$	$2f(n-1)\sin\alpha[(3r^2-2r)\cos\theta]$	Z7
Z10	$g[r^3\cos(3\theta)]$	$-2g(n-1)\sin(3\alpha)[r^3\sin(3\theta)]$	Z11
Z11	$f[r^3\sin(3\theta)]$	$2h(n-1)\sin(3\alpha)[r^3\cos(3\theta)]$	Z10

2.4.4　可变形反射镜校正器

成像系统中可使用可变形反射镜(简称变形镜)来动态校正由共形整流罩产生的像差。变形镜是反射镜，由电机控制产生所需要的面型。对于特定的通过导弹整流罩观察的观测角，俯仰台或反馈回路必须控制镜片来实现需要的面型。图 2.57 为使用变形镜的共形系统的设计图实例。

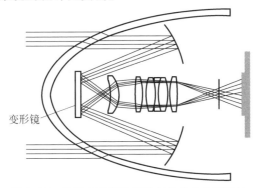

图 2.57　使用变形镜校正动态像差的共形系统

在光学系统中,变形镜可降低公差灵敏度和提供像差校正自由度(静态方法无法获取)。

2.5 W-W 微分方程组校正彗差

2.4.2 节所述利用弓形校正器有效降低了共形整流罩的像散,运用沃瑟曼-沃尔夫方程组(W-W 微分方程组)产生两组非球面,能够校正彗差。通过将 W-W 微分方程组的差分代替偏导,并通过龙格-库塔(Runge-Kutta,RK)积分迭代法反复迭代得到两组非球面点云,通过曲面拟合方法将其拟合成固定像差校正器,该方法设计的固定像差发生器能有效地校正共形整流罩的彗差,同时减小共形整流罩的球差。

2.5.1 W-W 非球面设计方法

W-W 微分方程组通过设计两个相邻的非球面保证光束通过系统时满足阿贝正弦和等光程条件,达到校正系统的球差和彗差的目的。这两个非球面面型的设计是通过求解一对微分方程得到的。图 2.58 展示了这两个相邻非球面以及系统中其他的表面。在等光程条件下,物空间和像空间的光线存在一一对应的关系。传统的计算机辅助光学设计方法是定义优化变量、控制像差和结构的约束条件,然后让光学设计软件进行优化计算进而得到预想的结果。W-W 非球面设计方法则是预先定义两个非球面的入射光束和出射光束,根据两光束求解 W-W 微分方程组,通过反复的迭代优化计算得到两个非球面上的两组坐标和矢高数据。利用这两组数据可以拟合出两个最佳的非球面,设计出使系统成像理想的两个非球面。

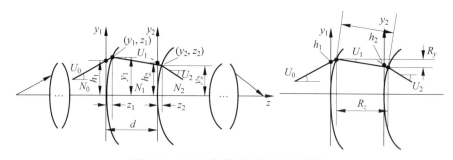

图 2.58　W-W 非球面设计方法光路图

2.5.2 光线定义方法

阿贝正弦条件是控制彗差的约束条件,使用阿贝正弦条件为 W-W 方程组定义光束,从而达到动态校正像差的目的。

当物体位于有限远时,可通过将光线设定成近轴光线来实现阿贝正弦条件,对于近轴光线,$\sin\theta \approx \theta$。近轴放大率为

$$m = \frac{n \cdot \theta}{n' \cdot \theta'} \tag{2.51}$$

式中,n 和 n' 分别为入射光线和折射光线所在空间的介质折射率。θ 和 θ' 分别为入射光线和折射光线与法线的夹角,如图 2.59 所示。边缘视场放大率为

$$M = \frac{n \cdot \sin\theta}{n' \cdot \sin\theta'} \tag{2.52}$$

令边缘放大率与近轴放大率相等,即

$$m = \frac{n \cdot \theta}{n' \cdot \theta'} = \frac{n \cdot \sin\theta}{n' \cdot \sin\theta'} \tag{2.53}$$

为满足阿贝正弦条件,光学系统任一边缘光线的放大率 M 均为常数。对于无限远共轭系统,满足该条件则实现了等光程。

探讨阿贝正弦条件与主点间的关系具有重要意义。光学系统主点的定义源于近轴光学。在近轴光学中,$\tan\theta$ 和 $\sin\theta$ 近似等于 $\theta(\sin\theta \approx \tan\theta \approx \theta)$。光学系统的一阶特性描述了所给物和对应像的位置。

两个主点是物方和像方焦点 F 和 F',如图 2.60 所示。物方焦点 F 的位置可通过无限远像点反向追迹光线确定。无限远像点发出的光线与主光轴的交点即物方焦点 F 的位置。同理,像方焦点 F' 的位置通过无限远物点发出光线确定,光线与主光轴的交点即像方焦点 F' 的位置。

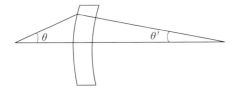

图 2.59　阿贝正弦条件的夹角定义

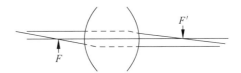

图 2.60　物方焦点和像方焦点

根据公式 $\beta = \dfrac{y'}{y} = \dfrac{nl'}{n'l}$ 可知,不同位置的共轭面对应不同的放大率,总有这样一对共轭面,它们的放大率为 1,称这对共轭面为主平面。式中,l' 为像到像方主平面的距离,l 为物到物方主平面的距离。两主平面与光轴的交点分别称为物方主点和像方主点,如图 2.61 所示。由主平面的定义有:物空间的任意一条光线和物方主平面的交点到光轴的距离等于它的共轭光线和像方主平面的交点到光轴的距离。

在理想光学系统中,除一对主平面和两个焦点 F、F' 外,还有另一对特殊的共

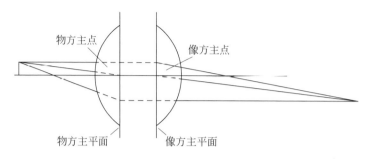

图 2.61　物方主平面和像方主平面

轴面,即节平面。从公式 $\gamma = \dfrac{\tan U'}{\tan U}$ 可以看出,不同的共轭面有不同的角放大率。角放大率等于 1 的共轭面称为节平面。节平面和光轴的交点叫作节点,位于物空间的称为物方节点,位于像空间的称为像方节点,如图 2.62 所示。由节平面的定义得:凡是通过物方节点的光线,其出射光线必定通过像方节点,并且和入射光线平行。

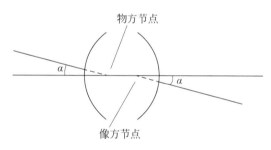

图 2.62　物方节点和像方节点

　　在实际的光学系统中,光线偏离量可由傍轴公式得出,而且各基面对不再共轭。光线入射物方主平面上的高度与光线出射像方主平面上的高度将不等。然而,如果光学系统指定的共轭点满足阿贝正弦条件,则主平面将成为球面以将物像点对应起来。在这种结构中,高度从球面主平面上测量。每一条光线与物方球面主平面上的相交点和对应光线出射到像方球面主平面上的连线平行于光轴。简言之,两相交点的高度相等,如图 2.63 所示。另需注意的是,某对共轭点满足阿贝正弦条件的光学系统上的其他物像共轭点未必满足阿贝正弦条件。为此特做如下设定:另两相交点高度不相等。

　　如果一个系统的物位于无限远处满足阿贝正弦条件,像方主平面将关于像方焦点弯曲,如图 2.64 所示。

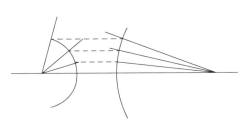

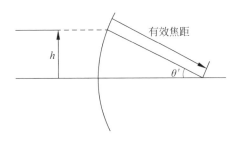

图 2.63　为满足阿贝正弦条件将主平面弯曲　　　图 2.64　无限远共轭主平面正弦条件

阿贝正弦条件关键点可总结为如下几点。

（1）满足阿贝正弦条件是消除彗差的必备条件，同时也能消除球差。彗差随孔径的变化而变化。而阿贝正弦条件则定义了常数值孔径。

（2）彗差为光线对的交点到主光线的距离，表示光线对偏离主光线的大小。从点列图上的光斑来看，消彗差的光斑尺寸比未消彗差的光斑尺寸小许多。

（3）彗差限制了镜头的扫描视场。消除彗差和球差后对于中心视场来说是一个像差自由空间，其他像差诸如场曲和像散将开始限制扫描视场。

（4）阿贝正弦条件描述了满足物像点共轭的球面主平面。在近轴系统中，主平面的放大率为 1。近轴光线穿过物方主平面 h 高度处，并在像方主平面 h 高度处离开。在非近轴系统中，阿贝正弦条件定义了一对物像点弯曲的主平面。从物点发出的实际光线将会穿过物方主平面上的指定高度，并从像方主平面上的相同高度处离开。所有点一一对应。

通过上述光线几何特性的描述，可以对光束作如下的定义。

入射光束：

$$y_1 = h_1 + z_1 \tan U_0 \tag{2.54}$$

出射光束：

$$y_2 = h_2 + z_2 \tan U_2 \tag{2.55}$$

两曲面间光束计算：

$$\begin{cases} R_y = y_1 + y_2 \\ R_z = d - z_1 + z_2 \\ R = \sqrt{R_y^2 + R_z^2} \\ \sin U_1 = \dfrac{R_y}{R}, \quad \cos U_1 = \dfrac{R_z}{R} \end{cases} \tag{2.56}$$

式中，U_0 为入射光线物方视场角，h_1 为入射到第一非球面顶点切平面上的高度，U_2 为出射光线像方视场角，h_2 为在第二非球面顶点切平面上的高度，R 为光线在两非球面间的光程,R_y 和 R_z 分别为 y 和 z 方向的投影长度,U_1 为离开第一非球面的光线与 z 轴的夹角。

2.5.3 W-W 微分方程组

W-W 微分方程组定义了非球面矢高相对于光线参数 f 的变化[21-22]。数字化求解式(2.57)两个微分方程就能得到所需的非球面轮廓。数值求解的过程是一个反复迭代求解 z_1、z_2、y_1、y_2 的过程。这一迭代过程可采用迭代速度快、迭代精度高的龙格-库塔迭代算法来实现。最后将得到的一组点经过曲面拟合后即可得到共形整流罩的固定校正器。

$$\begin{cases} \dfrac{dz_1}{df} = -\left(\dfrac{N_1 R_z - N_0 R \cos U_0}{N_1 R_y - N_0 R \sin U_0} + \tan U_0 \right)^{-1} \left(\dfrac{dh_1}{df} + z_1 \dfrac{d\tan U_0}{df} \right) \\[3mm] \dfrac{dz_2}{df} = -\left(\dfrac{N_1 R_z - N_2 R \cos U_2}{N_1 R_y - N_2 R \sin U_2} + \tan U_2 \right)^{-1} \left(\dfrac{dh_2}{df} + z_2 \dfrac{d\tan U_2}{df} \right) \end{cases} \quad (2.57)$$

2.5.4 龙格-库塔积分迭代法

W-W 方程组为微分方程组,因此,有必要研究微分方程的数值解法。

建立数值解法,首先要将微分方程离散化,一般采用差商近似导数、数值积分方法以及泰勒(Taylor)多项式近似这三种方法进行离散化。根据这三种方法又可导出不同形式的计算公式。其中的泰勒展开法,不仅可以得到求数值解的公式,而且容易估计截断误差,因此多基于此方法推导数值求解公式。由这三种方法推导出的求解方法大致有以下几种:欧拉(Euler)方法,改进的欧拉方法,龙格-库塔方法。

比较这三种方法。欧拉方法的局部截断误差为 $O(h)p+1(p=1)$,因此欧拉方法是一阶的。p 越大,方法的精度越高,显然,欧拉方法的精度不高。将欧拉方法中的矩形计算公式改为梯形计算公式,即改进的欧拉方法,它的局部截断误差为 $O(h3)$,故为二阶方法,精度有所提高。龙格-库塔方法的导出是基于泰勒多项式展开的,故要求所求问题的解具有较高的光滑度。对大量实际问题来说,四阶龙格-库塔法一般可以达到精度要求,且解的光滑性好,这使得该方法成了本章的首选。

迭代次数和抽样点数目的选择:迭代次数和拟合点数目越多,校正器曲面型状拟合的越精确,系统的校正效果就越理想。但是随着迭代次数和拟合点数的增加将导致计算时间成倍增加。

构造龙格-库塔方法。一般地,龙格-库塔方法设近似公式为

$$\begin{cases} y_{n+1} = y_n + h \sum_{i=1}^{p} c_i K_i \\ K_1 = f(x_n, y_n) \\ K_i = f\left(x_n + a_i h, y_n + h \sum_{j=1}^{i-1} b_{ij} K_j\right), \quad i = 2, 3, \cdots, p \end{cases} \tag{2.58}$$

式中，a_i、b_{ij}、c_i 都是参数，确定它们的原则是使近似公式在 (x_n, y_n) 处的泰勒展开式与 $y(x)$ 在 x_n 处的泰勒展开式前面的项尽可能多的重合，这样就使近似公式有尽可能高的精度。以 $p=2$ 为例，近似公式为

$$\begin{cases} y_{n+1} = y_n + h(c_1 K_1 + c_2 K_2) \\ K_1 = f(x_n, y_n) \\ K_2 = f(x_n + a_2 h, y_n + h b_{21} K_1) \end{cases} \tag{2.59}$$

其在 (x_n, y_n) 处的泰勒展开式为

$$\begin{aligned} y_{n+1} &= y_n + h\left\{ c_1 f(x_n, y_n) + c_2 f[x_n + a_2 h, y_n + h b_{21} f(x_n, y_n)] \right\} \\ &= y_n + h\left\{ c_1 f(x_n, y_n) + c_2 [f(x_n, y_n) + a_2 h f'_x(x_n, y_n) + \right. \\ &\quad \left. b_{21} h f'_y(x_n, y_n)] \right\} + O(h^3) \\ &= y_n + (c_1 + c_2) f(x_n, y_n) + c_2 [a_2 f'_x(x_n, y_n) + \\ &\quad b_{21} f'_y(x_n, y_n)] h^2 + O(h^3) \end{aligned} \tag{2.60}$$

$y(x_n+1)$ 在 x_n 处的泰勒展开式为

$$\begin{aligned} y(x_{n+1}) &= y(x_n) + h y'(x_n) + \frac{h^2}{2} y''(x_n) + O(h^3) \\ &= y_n + f(x_n, y_n) h + \frac{h^2}{2} [f'_x(x_n, y_n) + f'_y(x_n, y_n) f(x_n, y_n)] + O(h^3) \end{aligned} \tag{2.61}$$

要使近似公式(2.59)的局部截断误差为 $O(h3)$，则应要求式(2.60)和式(2.61)的前三项相同，于是有

$$\begin{cases} c_1 + c_2 = 1 \\ c_2 a_2 = \dfrac{1}{2} \\ c_2 b_{21} = \dfrac{1}{2} \end{cases} \tag{2.62}$$

式(2.62)有无穷多组解，它的每一组解代入式(2.59)得到的近似公式的局部截断误差均为 $O(h3)$，故这些方法统称为二阶方法。类似地，对于 $p=4$ 的情形，通过更复杂的计算，可以导出四阶龙格-库塔公式，其中常用的四阶龙格-库塔法的

计算公式为

$$\begin{cases}
y_{n+1} = y_n + \dfrac{h}{6}(k_1 + 2k_2 + 2k_3 + k_4) \\[2mm]
k_1 = f(x_n, y_n) \\[2mm]
k_2 = f\left(x_n + \dfrac{1}{2}h, y_n + \dfrac{1}{2}k_1\right) \\[2mm]
k_3 = f\left(x_n + \dfrac{1}{2}h, y_n + \dfrac{1}{2}k_2\right) \\[2mm]
k_4 = f(x_n + h, y_n + hk_3)
\end{cases} \tag{2.63}$$

上式称为经典形式的四阶龙格-库塔公式。它相当精确、稳定、容易编程,附加的计算误差可由增加精度来弥补。如果需要较高的精度,采取减小步长的方法即可[13]。

2.5.5　固定校正器算法实现

通过编写 W-W 方程组求解程序和龙格-库塔程序,反复迭代计算得出两组坐标和矢高数据,再通过编写曲面拟合算法程序将这两组点拟合成最佳的曲面。W-W 算法流程如图 2.65 所示。

2.5.6　设计实例与讨论

设计一个长宽比 $F = 1.0$ 的共形光学整流罩,长为 100 mm,基圆直径为 100 mm,顶点厚度为 4 mm,边缘厚度为 4 mm,采用的玻璃材料为 MgF_2,平板玻璃的材料与整流罩的相同,厚度为 6 mm,系统波长为 1 μm,入瞳直径为 50 mm,理想透镜焦距为 100 mm,系统视场角为 $\pm 25°$。

图 2.66(a)为共形整流罩加上平板玻璃和理想透镜的系统结构示意图。平行光线经过整流罩后不再是平行光线,而是向外发散。图 2.66(b)为将平板玻璃优化设计成校正器后的示意图,出射光线准直为平行光线,校正了由共形整流罩引入的多种像差。

共形整流罩后面放置一块玻璃板,并加上理想透镜后,传递函数在空间频率大于 20 lp/mm 时几乎为零。加入校正器后的系统传递函数达到了衍射极限,极大地提升了系统的性能,如图 2.67 所示。

加校正器前后最大视场点列图均方根直径分别为 0.173 94 mm 和 0.009 359 5 mm,加校正器之前的系统点列图均方根半径是加入校正器之后点列图尺寸的 18 倍左右。由此可见用 W-W 方程组优化得出的校正器很好地校正了系统的像差,从图中可以看出系统的彗差得到了很好的校正,如图 2.68 所示。

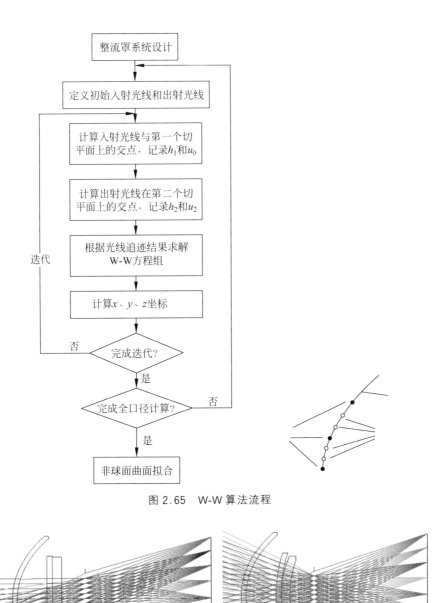

图 2.65　W-W 算法流程

图 2.66　系统结构示意图

（a）含平板玻璃；（b）平板玻璃优化为校正器后

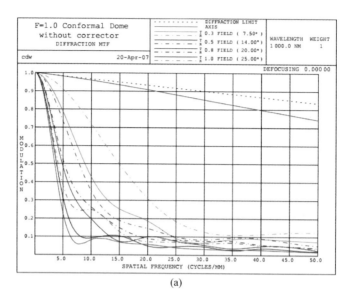

(a)

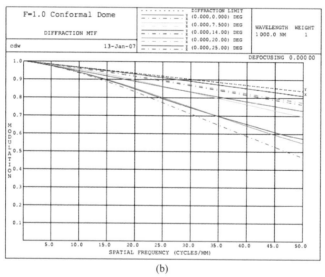

(b)

图 2.67　传递函数曲线

（a）加校正器前的系统；（b）加入校正器后的系统

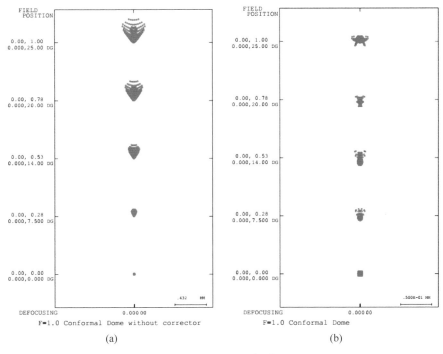

图 2.68　系统的点列图

（a）加校正器前；（b）加校正器后

2.6　W-W 非球面方程组的改进

W-W 微分方程组设计非球面是基于轴对称前提的,不适用于离轴等非轴对称系统,如果最优的窗口形状不具旋转对称性,则弓形和楔形等轴对称校正方法将不再适用。因此对 W-W 方程组做改进,使其适用于非轴对称系统。改进后的 W-W 方程组称为一般化的非球面设计方程组。为此采用一种独特的光束参数,该光束只需用一个参数来定义。该参数定义方法不仅能够数值求解出一般化的非球面设计方程组,并且能够生成校正器两个空间面,这两个表面都是非轴对称表面。

2.6.1　W-W 方程组的设计思路

一般化的非球面设计方程组是在取消 W-W 方程组中的轴对称假设后根据推导 W-W 方程组同样的方法得出的。在这个运算法则里,所设计的非球面可以控制各条光线入射高度和在像空间的角度。设计者在物空间定义光束,以及在像空间定义想要的变换后的光束。为了解决用 W-W 方程组设计的两个光学表面的纵断面问题,需要让光束变化。光束可以被定义在像面的切平面上,这个切平面在物空间中,可以不是光阑,仅仅是各个空间中方便定义光束或者光线的相关平面。在非对称系统中,光学表面不一定对称于 z 轴。为描述轴上物点的成像特性,需要追迹一束光线。在 W-W 情况下,光束可以用物像空间的一对切平面来定位。在非旋转对称的系统中,这两个切平面对于定义需要的光线是很有用的,特别是对各光线在切平面上的交点坐标和方向余弦。本章的一般非球面设计方法可以让通过系统两个光学面的光线随彼此变化(例如,物空间的每条光线以 1:1 的比例按需要映射到像空间)。如图 2.69 所示为物空间切平面的一束光线;如图 2.70 所示为像空间中切平面的光线。

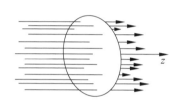 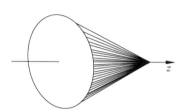

图 2.69　物空间切平面的一束光线　　图 2.70　像空间切平面的光束

用阿贝正弦条件来定义光束中各光线在像空间的方向和位置,并且保证在边缘区域(彗差为零)附近无像差。一般化的非球面设计公式产生了两套 xyz 坐标系。这些平面可能符合某个特定的平面公式,使这些平面可以通过光线追迹程序来生成。通过控制光线为非球面表面设计提供了一种新的方法。至此,对于利用 W-W 方程组进行非球面设计的原理与步骤有了一个更清晰的认识。

2.6.2　一般化非球面设计公式的推导

一般化非球面设计方程组与经典的 W-W 方程组类似。主要的区别是:切平面光束的参数定义被特殊化了;光学系统中可能存在倾斜的、离轴的非对称元件;由该方程组生成的非球面校正器表面可以是非轴对称的。光束可以用关于物像空间共轭的一对切平面来定义,如图 2.71 所示。

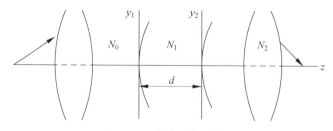

图 2.71　光学系统示意图

假设一条倾斜的光线入射表面,如图 2.72 所示。

在几何上,两条相交的直线(如 n 和 e)确定一个平面。在折射定律中,单位矢量 $\hat{e}$ 与 n 和 e 在同一平面内。其关系可用下式进行描述:

$$A \cdot \hat{e}' + B \cdot \hat{e} = \mathbf{\Gamma} \cdot n \tag{2.64}$$

式中,$\hat{e}$ 为入射光线单位矢量,$\hat{e}'$ 为反射光线单位矢量,n 为法平面单位矢量,$\boldsymbol{\tau}$ 为切平面单位矢量,A、B、$\mathbf{\Gamma}$ 为常量。

利用式(2.64),根据法平面和光线矢量来产生一个斯涅耳法则的向量形式。

非向量形式的斯涅耳法则如下:

$$N' \cdot \sin I' = N \cdot \sin I \tag{2.65}$$

上式是关于入射平面 I 与 I' 的,如图 2.73 所示。

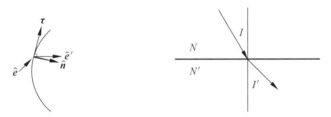

图 2.72　光线入射　　　　　图 2.73　斯涅尔定律

同样可以用式(2.62)两边同时叉乘法面单位矢量得到式(2.66),即

$$A \cdot \hat{e}' \times n + B \cdot \hat{e} \times n = \mathbf{\Gamma} \cdot n \times n = \mathbf{0} \tag{2.66}$$

与式(2.65)相比,得到 A 和 B:

$$\begin{cases} A = N' \\ B = -N \end{cases} \tag{2.67}$$

代回式(2.64)得到

$$N' \cdot \hat{e}' - N \cdot \hat{e} = \mathbf{\Gamma} \cdot n \tag{2.68}$$

任意常数 $\mathbf{\Gamma}$ 必须另行处理。应用 $\boldsymbol{\tau}$ 的点乘结果与上式消去 $\mathbf{\Gamma} \cdot n$,因为 $\mathbf{\Gamma} \cdot n \cdot \boldsymbol{\tau} = 0$。由此便可给出由切面、法面的反射系数和光线矢量确定的斯涅耳法则的矢量形式

$$(N' \cdot \hat{e}' - N \cdot \hat{e}) \cdot \boldsymbol{\tau} = 0 \tag{2.69}$$

矢量公式的部分可以用于建立一个微分公式,进而可用于建立面型的反射面矢高 Δz 与光线参数的关系。

$\boldsymbol{\tau}$ 是光线在光学表面的入射点处的切平面单位矢量,因此可以将光学表面的坐标设为以 f 为参数的形式表示出来,$x = x(f)$,$y = y(f)$,$z = z(f)$。这些坐标代表了由 f 确定的入射点的位置。

当给定矢高 Δz,根据 (x, y, z) 坐标就可以得到面型。所以可根据入射点的切

面引出关于 f 的 $\dot{x}$、$\dot{y}$、$\dot{z}$。

$$\tau = \frac{\dot{x}}{\sqrt{\dot{x}^2+\dot{y}^2+\dot{z}^2}} \cdot \frac{\dot{y}}{\sqrt{\dot{x}^2+\dot{y}^2+\dot{z}^2}} \cdot \frac{\dot{z}}{\sqrt{\dot{x}^2+\dot{y}^2+\dot{z}^2}} \tag{2.70}$$

式中，$\dot{x}$、$\dot{y}$、$\dot{z}$ 都是各自关于 f 的函数，根据方向余弦，光线矢量作如下规定：

$$\begin{cases} \hat{\boldsymbol{e}} = [\cos\theta_x, \cos\theta_y, \cos\theta_z] \\ \hat{\boldsymbol{e}} = [\cos\theta'_x, \cos\theta'_y, \cos\theta'_z] \end{cases} \tag{2.71}$$

把式（2.70）代入式（2.68），得到

$$\dot{z} = \frac{\dot{x} \cdot (N \cdot \cos\theta_x - N' \cdot \cos\theta'_x) + \dot{y} \cdot (N \cdot \cos\theta_y - N' \cdot \cos\theta'_y)}{-N \cdot \cos\theta_z + N' \cdot \cos\theta'_z} \tag{2.72}$$

式（2.72）描述了反射面矢高 Δz 的瞬时变化与由 f 决定的光线与面的交点的关系。进一步讲，这个公式描述了表面参数在光线交点处的变化与入射和折射光线方向余弦的关系。

考虑一个斜入射光线穿过两个相隔距离为 d 的表面的光路，如图 2.74 所示。

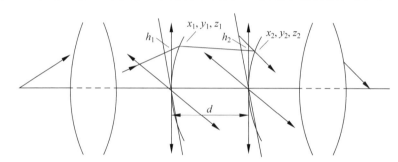

图 2.74　斜入射光线穿过两个相隔距离为 d 的表面的光路

光线从远方左侧入射到系统中，通过系统的前两个光学表面，然后光线与第一个表面的切平面相交于 h_1 和 h_2。已知光线从非球面进入已知光学系统。光线在点 (x_1, y_1, z_1) 折射后交在第二个表面的 (x_2, y_2, z_2)。用光线反向追迹折射光线，可以得到折射光线与第二个非球面的切平面的交点，折射光线进入系统的其他部分，最后射出系统。

利用与每个表面的局部坐标相关的坐标，可以得到光线在两表面间经过的路径长度 R 与光线在光学表面坐标 (x, y, z) 的关系，即

$$R_y = y_2 - y_1 \tag{2.73}$$

$$R_x = x_2 - x_1 \tag{2.74}$$

$$R_z = d - z_1 + z_2 \tag{2.75}$$

$$R = \sqrt{R_x^2 + R_y^2 + R_z^2} \tag{2.76}$$

式中，R_x、R_y、R_z 分别平行于 x、y、z 轴。同样可以根据 R 得到光线经过第一个表面的折射后的方向余弦，即

$$
\begin{cases}
\cos\theta_{x1} = \dfrac{R_x}{R} \\[2mm]
\cos\theta_{y1} = \dfrac{R_y}{R} \\[2mm]
\cos\theta_{z1} = \dfrac{R_z}{R}
\end{cases}
\tag{2.77}
$$

折射前的方向余弦可以在两相邻表面之前的光学系统中，利用光线追迹的方法得到。斜入射光线在第一表面的 (x,y,z) 坐标可根据方向余弦 $\cos x$、$\cos y$、$\cos z$，切平面的交点坐标 h_1 和 h_2，以及光线与非球面的交点处矢高来重新表示。同理可用光线在 N_2 空间的方向余弦来表示光线在最后一个表面的交点坐标，即

$$
\begin{cases}
y_1 = h_{y_1} + z_1\,\dfrac{\cos\theta_{0y}}{\cos\theta_{0z}} \\[2mm]
x_1 = h_{x_1} + z_1\,\dfrac{\cos\theta_{0x}}{\cos\theta_{0z}} \\[2mm]
y_2 = h_{y_2} + z_2\,\dfrac{\cos\theta_{2y}}{\cos\theta_{2z}} \\[2mm]
x_2 = h_{x_2} + z_2\,\dfrac{\cos\theta_{2x}}{\cos\theta_{2z}}
\end{cases}
\tag{2.78}
$$

式（2.78）表示了表面的交点坐标、光线方向和切平面的关系。根据第一个表面可以把式（2.72）变更为

$$
\dot{z}_1 = \frac{\dot{x}_1 \cdot (N_0 \cdot \cos\theta_{x0} - N_1 \cdot \cos\theta_{x1}) + \dot{y}_1 \cdot (N_0 \cdot \cos\theta_{y0} - N_1 \cdot \cos\theta_{y1})}{-N_0 \cdot \cos\theta_{z0} + N_1 \cdot \cos\theta_{z1}}
$$

$$
\tag{2.79}
$$

这是一个关于第一个非球形表面在一条特定光线的截点处的曲面坐标的瞬时变化的公式。这些曲面坐标由式（2.78）可知，由此公式中的 x_1、y_1 可以推导出用 $\dot{x}_1$、$\dot{y}_1$ 的式（2.80）。

关于 f 的式（2.78）可表示为

$$
\dot{y}_1 = \dot{h}_{y1} + z_1 \cdot \frac{\mathrm{d}\dfrac{\cos\theta_{y0}}{\cos\theta_{z0}}}{\mathrm{d}f} + \dot{z}_1 \cdot \frac{\cos\theta_{y0}}{\cos\theta_{z0}}
\tag{2.80}
$$

$$
\dot{x}_1 = \dot{h}_{x1} + z_1 \cdot \frac{\mathrm{d}\dfrac{\cos\theta_{x0}}{\cos\theta_{z0}}}{\mathrm{d}f} + \dot{z}_1 \cdot \frac{\cos\theta_{x0}}{\cos\theta_{z0}}
\tag{2.81}
$$

$$\dot{y}_2 = \dot{h}_{y2} + z_2 \cdot \frac{\mathrm{d}\frac{\cos\theta_{y2}}{\cos\theta_{z2}}}{\mathrm{d}f} + \dot{z}_2 \cdot \frac{\cos\theta_{y2}}{\cos\theta_{z2}} \tag{2.82}$$

$$\dot{x}_2 = \dot{h}_{x2} + z_2 \cdot \frac{\mathrm{d}\frac{\cos\theta_{x2}}{\cos\theta_{z2}}}{\mathrm{d}f} + \dot{z}_1 \cdot \frac{\cos\theta_{x2}}{\cos\theta_{z2}} \tag{2.83}$$

将式(2.80)和式(2.81)代入式(2.79),得到

$$\dot{z}_1 = \left[\left(\dot{h}_1 + z_1 \cdot \frac{\mathrm{d}\frac{\cos\theta_{x0}}{\cos\theta_{z0}}}{\mathrm{d}f} + \dot{z}_1 \cdot \frac{\cos\theta_{x0}}{\cos\theta_{z0}} \right) \cdot (N_0 \cdot \cos\theta_{x0} - N_1 \cdot \cos\theta_{x1}) \cdots \right.$$

$$\left. \left(\dot{h}_{y1} + z_1 \cdot \frac{\mathrm{d}\frac{\cos\theta_{y0}}{\cos\theta_{z0}}}{\mathrm{d}f} + \dot{z}_1 \cdot \frac{\cos\theta_{y0}}{\cos\theta_{z0}} \right) \cdot (N_0 \cdot \cos\theta_{y0} - N_1 \cdot \cos\theta_{y1}) \right] \Bigg/$$

$$(- N_0 \cdot \cos\theta_{z0} + N_1 \cdot \cos\theta_{z1}) \tag{2.84}$$

这个表达形式接近可用形式。为了更便于应用,必须求解 z_1,可以通过 z 和参数 f 的结合来计算面型矢高,这也是参数 f 的一个作用,可以有效地计算一个面型。

$$\dot{z}_1 = \left(\dot{h}_{x1} + z_1 \cdot \frac{\mathrm{d}\frac{\cos\theta_{x0}}{\cos\theta_{z0}}}{\mathrm{d}f} + \dot{z}_1 \cdot \frac{\cos\theta_{x0}}{\cos\theta_{z0}} \right) \cdot \frac{N_0 \cdot \cos\theta_{x0} - N_1 \cdot \cos\theta_{x1}}{N_0 \cdot \cos\theta_{z0} - N_1 \cdot \cos\theta_{z1}} \cdots$$

$$= \left(\dot{h}_{y1} + z_1 \cdot \frac{\mathrm{d}\frac{\cos\theta_{y0}}{\cos\theta_{z0}}}{\mathrm{d}f} + \dot{z}_1 \cdot \frac{\cos\theta_{y0}}{\cos\theta_{z0}} \right) \cdot \frac{N_0 \cdot \cos\theta_{y0} - N_1 \cdot \cos\theta_{y1}}{N_0 \cdot \cos\theta_{z0} - N_1 \cdot \cos\theta_{z1}}$$

$$\tag{2.85}$$

为了求解 z_1,需要通过替换式(2.85)使其更紧凑些

$$\begin{cases} A = \dfrac{N_0 \cdot \cos\theta_{x0} - N_1 \cdot \cos\theta_{x1}}{- N_0 \cdot \cos\theta_{z0} + N_1 \cdot \cos\theta_{z1}} \\ B = \dfrac{N_0 \cdot \cos\theta_{y0} - N_1 \cdot \cos\theta_{y1}}{- N_0 \cdot \cos\theta_{z0} + N_1 \cdot \cos\theta_{z1}} \end{cases} \tag{2.86}$$

式(2.86)也可以用 R、R_x、R_y 来表示。这样可以无需计算光线在经过第一个非球面折射后的方向余弦。

$$\begin{cases} A = \dfrac{N_0 \cdot \cos\theta_{x0} - N_1 \cdot \dfrac{R_x}{R}}{-N_0 \cdot \cos\theta_{z0} + N_1 \cdot \dfrac{R_z}{R}} = \dfrac{R \cdot N_0 \cdot \cos\theta_{x0} - N_1 \cdot R_x}{-R \cdot N_0 \cdot \cos\theta_{z0} + N_1 \cdot R_z} \\[4mm] B = \dfrac{N_0 \cdot \cos\theta_{y0} - N_1 \cdot \dfrac{R_y}{R}}{-N_0 \cdot \cos\theta_{z0} + N_1 \cdot \dfrac{R_z}{R}} = \dfrac{R \cdot N_0 \cdot \cos\theta_{y0} - N_1 \cdot R_y}{-R \cdot N_0 \cdot \cos\theta_{z0} + N_1 \cdot R_z} \end{cases} \tag{2.87}$$

将式(2.87)中的 A、B 代入,得到

$$\dot{z}_1 = A \cdot \left(\dot{h}_{x1} + z_1 \cdot \dfrac{\mathrm{d}\dfrac{\cos\theta_{x0}}{\cos\theta_{z0}}}{\mathrm{d}f} + \dot{z}_1 \cdot \dfrac{\cos\theta_{x0}}{\cos\theta_{z0}} \right) + $$

$$B \cdot \left(\dot{h}_{y1} + z_1 \cdot \dfrac{\mathrm{d}\dfrac{\cos\theta_{y0}}{\cos\theta_{z0}}}{\mathrm{d}f} + \dot{z}_1 \cdot \dfrac{\cos\theta_{y0}}{\cos\theta_{z0}} \right) \tag{2.88}$$

结合系数 $\dot{z}_1$,得到

$$\dot{z}_1 \cdot \left(1 - A \cdot \dfrac{\cos\theta_{x0}}{\cos\theta_{z0}} - B \cdot \dfrac{\cos\theta_{y0}}{\cos\theta_{z0}} \right)$$

$$= A \cdot \left(\dot{h}_{x1} + z_1 \cdot \dfrac{\mathrm{d}\dfrac{\cos\theta_{x0}}{\cos\theta_{z0}}}{\mathrm{d}f} \right) + B \cdot \left(\dot{h}_{y1} + z_1 \cdot \dfrac{\mathrm{d}\dfrac{\cos\theta_{y0}}{\cos\theta_{z0}}}{\mathrm{d}f} \right) \tag{2.89}$$

将 $\dot{z}_1$ 整理到等号一边,得到

$$\dot{z}_1 = \dfrac{A \cdot \left(\dot{h}_{x1} + z_1 \cdot \dfrac{\mathrm{d}\dfrac{\cos\theta_{x0}}{\cos\theta_{z0}}}{\mathrm{d}f} \right) + B \cdot \left(\dot{h}_{y1} + z_1 \cdot \dfrac{\mathrm{d}\dfrac{\cos\theta_{y0}}{\cos\theta_{z0}}}{\mathrm{d}f} \right)}{1 - A \cdot \dfrac{\cos\theta_{x0}}{\cos\theta_{z0}} - B \cdot \dfrac{\cos\theta_{y0}}{\cos\theta_{z0}}} \tag{2.90}$$

再将 A、B 的表达式代回式(2.90),得到

$$\dot{z}_1 = \left[\dfrac{R \cdot N_0 \cdot \cos\theta_{x0} - N_1 \cdot R_x}{-R \cdot N_0 \cdot \cos\theta_{z0} + N_1 \cdot R_z} \cdot \left(\dot{h}_{x1} + z_1 \cdot \dfrac{\mathrm{d}\dfrac{\cos\theta_{x0}}{\cos\theta_{z0}}}{\mathrm{d}f} \right) \cdots + \right.$$

$$\frac{R \cdot N_0 \cdot \cos\theta_{y0} - N_1 \cdot R_y}{-R \cdot N_0 \cdot \cos\theta_{z0} + N_1 \cdot R_2} \cdot \left(\dot{h}_{y1} + z_1 \cdot \frac{\mathrm{d}\frac{\cos\theta_{x0}}{\cos\theta_{z0}}}{\mathrm{d}f} \right) \Bigg] \Bigg] \Bigg/$$

$$\left(1 - \frac{R \cdot N_0 \cdot \cos\theta_{x0} - N_1 \cdot R_x}{-R \cdot N_0 \cdot \cos\theta_{z0} + N_1 \cdot R_z} \cdot \frac{\cos\theta_{x0}}{\cos\theta_{z0}} - \frac{R \cdot N_0 \cdot \cos\theta_{y0} - N_1 \cdot R_y}{-R \cdot N_0 \cdot \cos\theta_{z0} + N_1 \cdot R_z} \cdot \frac{\cos\theta_{y0}}{\cos\theta_{z0}} \right)$$

$$(2.91)$$

第二表面的表达式同理可得

$$\dot{z}_2 = \left[\frac{N_1 \cdot R_x - R \cdot N_2 \cdot \cos\theta_{x2}}{-N_1 \cdot R_z - R \cdot N_2 \cdot \cos\theta_{z2}} \cdot \left(\dot{h}_{x2} + z_2 \cdot \frac{\mathrm{d}\frac{\cos\theta_{x2}}{\cos\theta_{z2}}}{\mathrm{d}f} \right) \cdots + \right.$$

$$\frac{N_1 \cdot R_y - R \cdot N_2 \cdot \cos\theta_{y2}}{-N_1 \cdot R_z - R \cdot N_2 \cdot \cos\theta_{z2}} \cdot \left(\dot{h}_{y2} + z_2 \cdot \frac{\mathrm{d}\frac{\cos\theta_{y2}}{\cos\theta_{z2}}}{\mathrm{d}f} \right) \Bigg] \Bigg] \Bigg/$$

$$\left(1 + \frac{R \cdot N_2 \cdot \cos\theta_{x0} - N_1 \cdot R_x}{-R \cdot N_2 \cdot \cos\theta_{z0} + N_1 \cdot R_z} \cdot \frac{\cos\theta_{x2}}{\cos\theta_{z2}} + \frac{R \cdot N_2 \cdot \cos\theta_{y0} - N_1 \cdot R_y}{-R \cdot N_2 \cdot \cos\theta_{z0} + N_1 \cdot R_z} \cdot \frac{\cos\theta_{y2}}{\cos\theta_{z2}} \right)$$

$$(2.92)$$

式(2.91)和式(2.92)联系了两个非球表面的面型矢高,并定义了光束中一条光线的参数变化之间的关系。每条光线与一组(x,y)相对应,而z坐标在两个非球表面上。当改变参数f,即可追迹出面型。

当整合一般非球面设计公式时,必须先由式(2.78)来追溯出关系,这个关系用来计算光线f的坐标(x,y)与每个一般非球表面的矢高点z的交点(矢高点z是用归纳公式计算出来的)。

参数f用来定义一束光束,在物方切平面内(x,y)的位置坐标及三个方向余弦均可能会由不同的光线组成。这与在W-W公式中的光线参数相似。在W-W公式中,光线参数定义了一束光,是由相对光轴有不同角度和高度的光线组成的。

W-W公式是通用公式的特例,解决通用非球面设计公式的步骤与W-W公式的设计步骤是相似的。

解决通用非球面设计公式的步骤可总结如下。

(1)从光轴$(f=0)$开始,向前追迹光线到第一个切平面,f上升。参数系统应该是全部光束都得到定义。

(2)为光线坐标h_{y1}、h_{x1}和方向余弦L_1、M_1、N_1存储数据。

（3）从光轴（$f=0$）反向追迹光线到第二个切平面，提高系数。每条光线与物空间的光束比例为 1∶1。

（4）为光线坐标 h_{y2}、h_{x2} 和方向余弦 L_2、M_2、N_2 存储数据。

（5）利用光线追迹的信息，得到通用非球面设计公式。（在得知非球面矢高的量值如 $x_1=0$，$y_1=0$，$z_1=0$ 和 $x_2=0$，$y_2=0$，$z_2=0$ 后的方法是必要的）例如 RK 的方法是可以应用的。

（6）由步骤（5）得到的两个 z 与两个非球面的点相关。z 与 x、y 相关。

（7）两个面的 x、y、z 被用到计算面型的 x、y、z 的列表上，并且在下次的重复步骤中用作子孔径。

（8）重复步骤（1）～步骤（7），直至孔径边缘达到所需。

（9）最后，一个符合 x、y、z 的表面到一个具有代表性的表面就完成了；这可以通过泽尼克多项式或者一个最小二乘法的 xy 多项式来方便地完成。

改进的方法依赖于所得到的光线，利用这组新的公式，可以定义物空间的一束光束和像空间的所需光束。非对称系统中的光学元件可以是倾斜离轴或者非轴对称的。最初与 z 轴共面的光线可能会偏离此平面。光线也可能在横向、倾斜方向移动或者由此引入任意变化像差。通用非球面设计公式用来计算两个非球面的轮廓，使物空间定义的光线在像空间出射后满足所需。除定义光线外，必须选择相邻的非球面的位置，以及两者间的折射率，光线由系数控制才能适应系统的孔径要求。

2.6.3　孔径光线抽样方法

光线要通过控制方能达到系统的孔径要求。本节对如何控制光线，即追迹光线的抽样进行阐述。通用非球面设计公式描述了两个表面的矢高变化与一个光线参数的关系。为了二维地度量非球面元件的矢高，必须用参数定义光线，光线参数变化，光线在二维空间也变化。本节将通过一个追迹光线的抽样方法来提供一种定义光束的方法。

令系统所需孔径内包含多组扇形光线并绕光轴旋转。在图 2.75 中，放射状的线显示了光线在物空间切平面的交点。一般化的公式对于每个由光轴开始的扇形光线是整体的。沿着光轴，假定两个非球面初始矢高都是零。初始值 $z_1=0$，$z_2=0$ 对于解决公式中沿着蓝色线的下一个点是必要的。顺着一束扇形光线综合两个公式可以得到一个含有 (x,y,z) 的非球面的轮廓线，图 2.76 展示了一个不同平面上的扇形光线可以在两个非球面上追迹出的另两个轮廓线。这个轮廓线与扇形光线在非球表面的交点一致，扇形光线随着像空间扇形光线而变化。这些公式作为整体不断重复，直到在非球表面有了足够的 (x,y,z) 点来得到所需面。

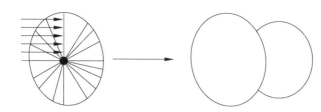

图 2.75　追迹一个扇形光线得到两个非球面轮廓线

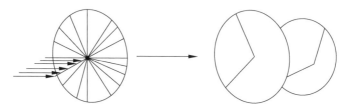

图 2.76　一个不同平面上的扇形光线可以在两个非球面上追迹出另两个轮廓线

在射线状有效孔径情况下,由光轴散发出的光束是一个整体。其他种类的抽样方法也可以使用,图 2.77 为不同类型的孔径抽样方法示意图。

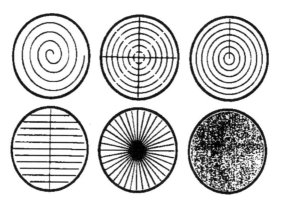

图 2.77　不同类型的孔径抽样方法示意图

理想情况的孔径是完全填充的,即孔径中的光线是无限多的,而实际上,由于受计算机运算能力的限制,使得只有有限数量的光线可以被追迹。

每个有效孔径定义了一条光线在系统中的路径,以解决成对的微分公式。每条孔径中的光线在像空间切平面有比例为 1∶1 的映射。在每个切平面上,必须定义光线交点坐标和光线方向余弦。

理想的孔径取样是高密度和均匀的,这将在两个非球补偿表面产生出一系列高密度取样点(x,y,z)。一个合乎路线的表面继而被用来将两组点转变成面型系数,这样它们可以在设计中迭代。

当光线在物空间和像空间切平面内的位置确定后,便在光学系统中进行追迹,并且记录光线在非球面切平面上的坐标和角度,如式(2.93)。非球面切平面上的坐标和方向余弦会被用在通用非球面设计公式中。

$$
\begin{cases}
L_1 = L_1(f), & L_2 = L_2(f) \\
M_1 = M_1(f), & M_2 = M_2(f) \\
N_1 = N_1(f), & N_2 = N_2(f) \\
H_{x1} = H_{x1}(f), & H_{x2} = H_{x2}(f) \\
H_{y1} = H_{y1}(f), & H_{y2} = H_{y2}(f)
\end{cases}
\tag{2.93}
$$

式中,f 用来定义一束光线,H_x 和 H_y 为光线在切平面的位置坐标,L、M、N 为光线的三个方向余弦。

2.6.4　设计实例与讨论

首先,编写通用非球面设计方程程序和 Runge-Kutta 程序,通过反复迭代计算得出两组坐标和矢高数据,然后编写曲面拟合算法程序,将这两组点拟合成最佳的曲面。平行光束经过光楔出射后,光束不再对称。将平行玻璃板放置在非对称光束中,波长为 1 000 nm,光楔材料为 ZnS,平板玻璃材料为 MgF$_2$。图 2.78 为加入校正器前的光楔系统示意图,图 2.79 为加入校正器后的光楔系统示意图。

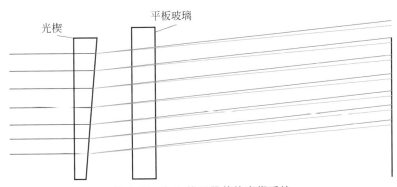

图 2.78　加入校正器前的光楔系统

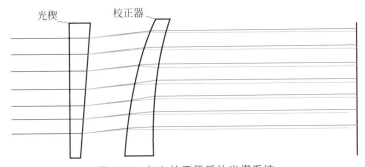

图 2.79　加入校正器后的光楔系统

平行光束经过离轴某窗口出射后,光束不再对称。将平行玻璃板放置在非对称光束中,波长为 1 000 nm,光楔材料为 ZnS,平板玻璃材料为 MgF_2。图 2.80 为加入校正器前的飞行器窗口示意图,图 2.81 为加入校正器后的飞行器窗口示意图。

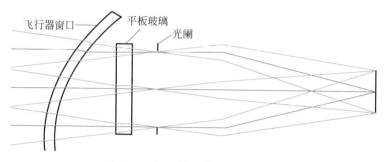

图 2.80 加入校正前的飞行器窗口

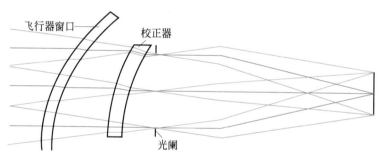

图 2.81 加入校正器后的飞行器窗口

通用非球面计算公式主要利用了通过系统的任意光线,光线的位置和方向余弦通过一对切平面来确定,这对切平面一个在物方空间,一个在像方空间。在每个平面中,光线与平面的交点是由交点的方向余弦来确定的,一对相邻的普通非球面用来控制光线的走向,使在物空间切平面内确定的光线在像空间的位置和方向余弦满足需要。改变焦距 f 可以改变所选光线,通用非球面计算公式是表示两个一般非球表面的矢高变化与光线参数变化之间的函数关系。整合这些参数,将得到两个非球面的矢高轮廓。光束必须要有参数控制,才能有足够多的光线与非球面的交点来准确地确定表面形状。

通用公式用于包含非旋转对称结构的系统,如倾斜和离轴的结构。对于给定光学系统,应用这些公式会得到两个一般非球面的三维轮廓,可以改变系统中物空间的指定光束来满足像方空间出射光束的需要。限制光束满足阿贝正弦条件且聚焦在一点,系统则无彗差和球差。校正了彗差和球差后,在像方空间中心位置附近将无像差。

参考文献

［1］　THOMPSON K P. Optical design techniques for optical systems containing conformal surfaces［Z］. A Short Course Presented at the Annual Meeting of the Optical Society of America,Long Beach,1997.

［2］　CROWTHER B G,MCKENNEY D B, MILLS J P. Aberrations of optical domes［C］. Kona,HI,United States：Proc. SPIE. ,1998,3482：48-61.

［3］　ELLIS K S. The optics of ellipsoidal domes［D］. Tucson：The University of Arizona,1999.

［4］　MANHART PAUL K,KNAPP DAVID , ELLIS SCOTT,et al. Optical system with zernike-shaped correcton：US6313951［P］. 2001-11-06［2021-04-12］. https：//www. freepatentsonline. com/6313951. html.

［5］　CHASE H. Optical design with rotationally symmetric NURBS［C］. Tucson,AZ,United States：International Optical Design Conference,2002,4832：10-24.

［6］　王兵学,张启衡,陈昌彬,等. 凝视型红外搜索跟踪系统的作用距离模型［J］. 光电工程, 2004,31(7)：8-11.

［7］　刘新建. 导弹总体分析与设计［M］. 长沙：国防科技大学出版社,2006：25-32.

［8］　余怀之. 红外光学材料［M］. 北京：国防工业出版社,2007.

［9］　WEBER M J. Handbook of optical materials［M］. Boca Raton：CRC Press,2003.

［10］　ZHANG Q. Dual-band imaging system and fusion technology［C］. Beijing China：Proc. SPIE,1998,3561：189-195.

［11］　HOANG H M,WANG N C. Two waveband（3-5 μm and 8-12 μm）thermal imaging system［J］. SPIE Optical Sensors,1992,1814：119-129.

［12］　CHRLES T W,THOMAS M H,DONALD F,et al. Characterization of ALON optical ceramic［C］. Orlando,Florida. United States. Proceedings of SPIE,2005,5786,95-111.

［13］　CHEN C B. Aircraft conformal window shapes in current and near term operational systems［C］. California：Invited paper in 1997 OSA Annual Meeting. Long Beach,1997.

［14］　王瑞,董冰. 点目标下基于变形镜本征模式的无波前传感器自适应光学系统［J］. 中国激光,2016,43(2)：221-228.

［15］　丁全心,熊钟秀. 应用于高速飞行器的共形光学系统设计研究［C］//第九届全国光电技术学术会议交流论文集(下册). 北京：2010,39：1-4.

［16］　SONG D,CHANG J,WANG Q,et al. Conformal optical system design with a single fixed conic corrector［J］. Chin. Phys. B,2011,20(7)：074201-5.

［17］　ZHANG W,ZOU B,CHEN S,et al. Design of fixed correctors used in conformal optical system based on diffractive optical elements［J］. Applied Optics,2013,52(3)：461-466.

［18］　SPARROLD S W. Arch corrector for conformal optical systems［C］. Orlando,FL,United States：Proceedings of SPIE,1999,3705：189-200.

［19］ SPARROLD S W,KNAPP D J,MANHART P K,et al. Capabilities of an arch element for correcting conformal optical domes[C]. Denver,CD,United States: Proceedings of SPIE, 1999,3779: 434-444.

［20］ JAMES M,SCOTT S,THOMAS M. Conformal dome aberration correction with counter-rotating phase plates. Window and Dome Technologies and Materials Ⅵ[C]. Orlando,FL, United States: Proceedings of SPIE,1999,3705: 201-208.

［21］ Texas Instruments,Wassermann-Wolf algorithm[R]. Texas Instruments Technical Report on Conformal Optics,Section 3,1997,22.

［22］ WASSERMANN G,WOLF E. On theory of aplanatic aspheric systems[J]. Proc. Phys. Soc. ,1949,62(1): 2-8.

第 ③ 章

含同轴整流罩的共形光学系统设计方法

3.1 凝视光学系统的设计方法

3.1.1 红外凝视成像系统

红外凝视成像系统的特点是能够及时记录整个视场范围内的图像。由整流罩所引入的像差特性可知,像差系数随视场变化,因此光学系统中需要加入像差校正器来补偿。整个光学系统分成三部分:整流罩、校正器、后续成像系统。

在 $3.7 \sim 4.8 \ \mu m$ 中波红外波段,硅材料折射率高、色散系数低,锗材料有相对较高的色散系数,系统通过硅、锗光焦度的合理搭配可以校正色差,也可以通过在系统中恰当的位置使用非球面来校正像差。在设计制冷型红外光学系统时,为减小光学系统径向尺寸,在满足通光孔径和冷屏尺寸要求的情况下,采用二次成像结构,达到 100% 冷光阑效率。冷光阑效率是指来自目标到指定像素的总立体角与整个冷屏开口到同一像素的总立体角之比。如果探测器只能探测到来自景物的能量,而无法探测到来自低温冷却热挡板的能量,则称该红外光学系统具有 100% 冷光阑效率。

光学系统设计参数见表 3.1。整流罩主要引入了离焦、像散、彗差和球差等像差,并且都随视场的改变而改变,因此先在光学系统中加入像差校正器校正主要像差,再优化系统结构校正剩余像差。

系统由整流罩、像差校正器等 7 片透镜和 2 片保护玻璃组成。整流罩和像差校正器材料选用氟化镁,其他透镜使用硅和锗。系统结构如图 3.1 所示,图中第一片透镜为整流罩,第二片透镜为像差校正器,其余皆为球面校正透镜。

表 3.1 光学系统设计参数

参　数	数　值	参　数	数　值
探测器像元数	320×240	波段范围	3 700～4 800 nm
像元尺寸	25 μm×25 μm	F	2
长径比	2	像高	10 mm
底面直径	180 mm	视场	30°
厚度	5 mm		

整流罩　像差校正器

图 3.1 系统结构

图 3.2 为系统的泽尼克像差系数随视场(0°～30°)变化的曲线,图 3.3 为系统的调制传递函数(MTF)曲线,图 3.4 为系统的点列图。从像质分析的结果可以看出,泽尼克像差系数的变化范围减小到了 1 个波长以内。系统 MTF 在 20 lp/mm 达到 0.701,接近衍射极限值 0.723。RMS 斑点直径已经减小到 26.64 μm 左右。系统的成像质量得到很大提高,在整个视场范围内像质已接近衍射极限。

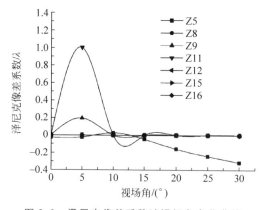

图 3.2 泽尼克像差系数随视场角变化曲线

3.1.2 大视场、大长径比凝视系统设计

椭球整流罩共形光学系统大多采用折反式结构,系统的瞬时视场角比较小;扫描式的共形光学系统随着扫描视场的变化引入大量变化的动态像差,必须引入

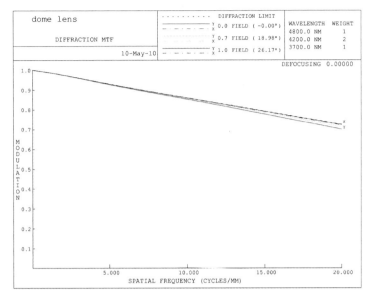

图 3.3 调制传递函数曲线

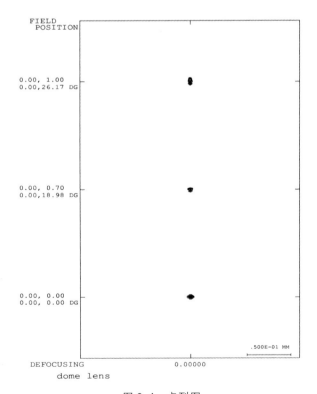

图 3.4 点列图

校正器来补偿动态像差,扫描结构对机械结构相当依赖,需要高精度的机械结构和电控运动装置来完成扫描,这样的结构比较复杂,也给系统的装调带来了极大的难度。

为了弥补上述缺陷,可采用凝视型光学系统设计,能实现大视场实时成像。此系统是在弹体上直接固定捷联式导引头,与扫描成像光学系统相比,不依赖机械结构和电控装置,结构更加简单、紧凑,易于装调;大部分椭球整流罩的设计长径比停留在1,尤其是大视场的椭球整流罩,这样的面型已经远远不能匹配现阶段高速飞行器的飞行速度。实例设计凝视型大视场、大长径比、大相对孔径的椭球型整流罩光学系统,具体设计参数见表3.2。

表 3.2　光学系统设计参数

参　　数	数　　值	参　　数	数　　值
探测器像素	640×512 制冷	全视场	$100°$
像元大小	$15\ \mu m \times 15\ \mu m$	整流罩材料	MgF_2
焦距	$7\ mm$	工作谱段	$3.7 \sim 4.8\ \mu m$
相对孔径	$1/2$		

当光学系统满足阿贝正弦条件时,即可消除彗差;当系统满足光程差相等条件时,即可消除球差。W-W 方程组的设计原理同时满足以上两个条件,列出两个微分方程,通过解微分方程得到的点拟合成两个非球面。由等光程条件可知物空间和像空间存在共轭关系,通过程序反复迭代计算出满足 W-W 方程组的两组对应矢高数据的坐标[1-2]。最后将得到的数据拟合成两个泽尼克多项式面型,构成固定校正器,材料为 MgF_2,图 3.5 为校正器的三维图。

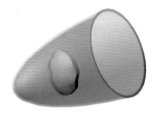

图 3.5　含校正器的椭球整流罩光学系统三维图

此成像系统属于超广角镜头范畴。超广角镜头指的是视场范围特别广的镜头,视场角一般为 $80° \sim 100°$,焦距较短,接近于鱼眼镜头。

超广角镜头主要分为两种结构:双高斯摄远镜头和反摄远镜头。

双高斯摄远镜头属于对称式结构,具有很强的系统像差校正能力,但是此类型结构的后工作距离通常在 $0.5f \sim 0.7f$(f 为焦距)范围内,然而红外光学系统对后工作距离的要求较长,需要留有足够的空间来实现红外光学系统的冷阑匹配。

反摄远结构的广角镜头由分离的正、负镜头组构成。靠近物空间的镜组具有负光焦度,称为前组;靠近像平面的镜组具有正光焦度,称为后组。入射光线经前组发散后再经过后组聚焦于焦平面,因为像方主平面位于后组的右侧靠近像平面的空间里,因此反摄远结构后工作距离可以大于焦距。实例设计采用反摄远结构,能够为探测器制冷留有足够的空间。初始结构如图 3.6 所示。

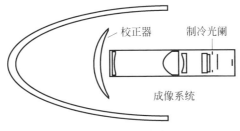

图 3.6　初始结构

成像系统的材料均选用在中红外波段常用的材料锗和硅,锗的折射率较高,对像差的校正能力较强,能够减少透镜表面的弯曲程度,与较小折射率硅的配合能够有利于色差的校正。成像系统第五块透镜锗的后表面采用了高次非球面面型,数学描述方程为

$$z = \frac{cr^2}{\sqrt{1-(1+k)c^2r^2}} + a_1 r^4 + a_2 r^6 + a_3 r^8 + \cdots \tag{3.1}$$

式中,c 为顶点处的曲率,k 为圆锥系数,r 为垂直于光轴方向的径向半径,非球面高次项只用到 r^4、r^6 两项。非球面的位置距离光阑较远,对大视场系统所产生的彗差和像散能起到校正作用。

大视场、大相对孔径光学系统存在像面照度不均匀的问题,光学上一般采用两种方法解决:一种是利用像差渐晕改善像面照度均匀性;另一种是通过引入大量的桶形畸变来提高像面的照度均匀性。第一种比较常用,但是对于视场角大的系统,此方法不足以对像面照度进行改善。因此可采用第二种方法,即引入高频桶形畸变减小像方视场角的大小来提高像面照度的均匀性,且畸变并不影响系统的成像清晰度,可以通过后期的图像处理来校正畸变的影响。这要求成像光学系统在设计时物体成像的像面大小略小于探测器的有效探测面积。

光学系统轴外像点照度的分布公式为

$$E' = K_1 K_2 E_0 \cos^4 \omega' \tag{3.2}$$

式中,K_1 为几何渐晕系数,K_2 为像差渐晕系数,ω' 为像方视场角。

由式(3.2)可知轴外像点的照度会随着像方半视场角的增大而急剧下降,这样边缘物点很容易因为像面照度不够而无法成像,因此减小 ω' 是关键[3]。下面分别介绍本节所设计系统改善像面照度均匀性的原理[4-5]。

1. 反摄远型系统结构减小像方视场角的原理

如图 3.7 所示,光线经过第一组光焦度为负的透镜组会发散,光线略趋于平行,像方视场角 ω' 变小,因此像面照度会变得均匀。

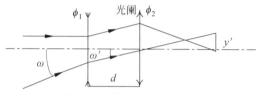

图 3.7 反摄远结构原理图

2. 引入桶形畸变减小像方视场角的原理

如图 3.8 所示,实际成像点为 A',对应的像方视场角为 ω';引入桶形畸变后,实际成像点变为 A'',对应的像方视场角变为 ω'',由图中可知,$\omega'' < \omega'$。如果引入的桶形畸变足够大,根据边缘点像面照度式(3.2)可知,像方视场角足够小,这样就能够满足像面的照度均匀性要求。

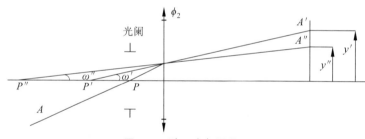

图 3.8 引入畸变原理图

经过以上的设计和优化得到最后的设计结果,结构如图 3.9 所示,光阑放在成像光学系统的最后一面,光学系统的光阑与探测器的制冷光阑重合,从而确保冷光阑 100% 匹配。

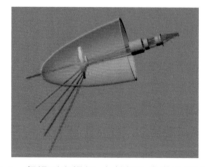

图 3.9 凝视型大视场、大长径比光学系统三维图

如图 3.10 所示,光学系统点列图中可以看到每个视场的弥散斑 RMS 直径分别为 1.8 μm、2.7 μm、2.9 μm、3.3 μm、3.7 μm,均小于像元尺寸 15 μm;如图 3.11 所示,MTF 曲线接近衍射极限;如图 3.12 所示,光学系统包围圆能量,显示在直径为 28 μm 的圆内,能量已经达到 85%,在直径为 56 μm 的圆内包围圆能量已经达到了 92% 以上。从如图 3.13 所示的泽尼克像差系数中可以看出,系统的像散和彗差都获得较好的校正。

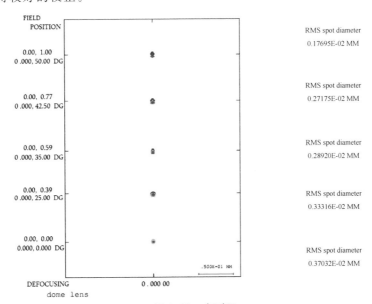

图 3.10　点列图

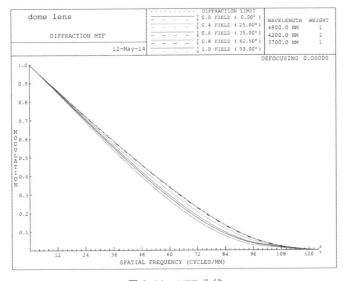

图 3.11　MTF 曲线

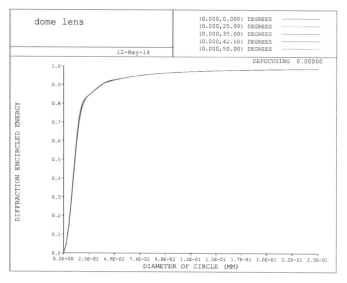

图 3.12　包围圆能量

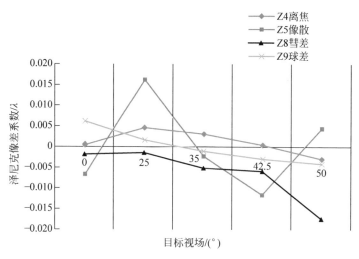

目标视场/(°)

图 3.13　泽尼克像差系数

3.2　扫描光学系统设计方法

　　为了实现红外导引头的大视场成像,除了采用凝视探测器,还可以使用尺寸上小得多的探测器阵列,通过光机扫描元件使成像范围覆盖整个需要的二维视场。光楔是红外系统中较灵活的扫描元件之一,用两个光楔按不同的方式旋转可以得到不同的扫描图形。

3.2.1　旋转光楔扫描光学系统

以 z 轴(光轴)为旋转轴的累斯莱棱镜,是一种圆盘状的楔形光学元件,可以使特定入射角度的平行光线发生偏转,如图 3.14 所示。当棱镜旋转时,光线的俯仰角和方位角都会发生变化,并在圆锥边缘所示的范围进行扫描,如图 3.14(a)所示,其侧视图如图 3.14(b)所示。当单个光楔的入射角度为零时,所产生光线的出射角 φ 与棱镜的楔角 A、折射率 n 之间的关系为

$$\varphi = \arcsin[(n-1)\sin A] \tag{3.3}$$

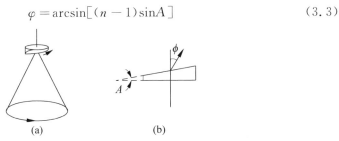

图 3.14　单个累斯莱棱镜操控光线走向

(a) 单个光楔立体图;(b) 单个光楔横截面图

若将累斯莱棱镜成对使用,它们所相邻的内表面垂直于光轴且互相平行,外表面为倾斜面。这一对光楔在与光轴垂直的平面内绕着光轴以相同的角度反方向旋转,就可以完成对一定目标视场范围内的扫描。图 3.15 为一对光楔绕光轴反向旋转的示意图,成像透镜为一理想透镜。假设它们的旋转角度都为 α,扫描视场角为 φ,每一个光楔的楔角都为 A,两光楔的折射率均为 n,它们之间满足关系:

$$\varphi = 2\sin\alpha\arcsin[(n-1)\sin A] \tag{3.4}$$

由式(3.4),可以通过所需要的跟踪视场角 φ 来计算两个光楔绕 x 轴反向旋转的角度 α,在反转前和反转后,不同跟踪视场的平行光线通过光楔后的出射角度变化很小,几乎平行于光轴出射,从而减小后续成像光学系统的视场角。

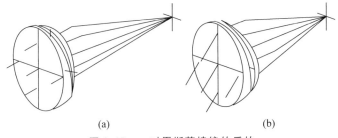

图 3.15　一对累斯莱棱镜的反转

(a) 反转前;(b) 反转后

整流罩为椭球形,系统设计参数见表 3.3,整流罩主要引入了离焦、像散、彗差和球差,并且都随视场的改变而改变,因此先在光学系统中加入像差校正器校正主

要像差,再优化系统结构校正剩余像差。本节加入了扫描器件,所以存在扫描视场和瞬时视场之分,因此在设计时需同时考虑两种视场条件下的成像质量。

表 3.3　光学系统设计参数

参　数	数　值	参　数	数　值
长径比	1	F	2
底面直径	200 mm	像高	10 mm
厚度	5 mm	扫描视场	30°
波段范围	3 700~4 800 nm	瞬时视场	2°

系统在 0°扫描视场、30°扫描视场和-30°扫描视场结构示意图如图 3.16 所示,系统由整流罩、像差校正器、旋转光楔等 9 片透镜和 2 片保护玻璃组成。光楔顶角为 5°,通过两者的相互旋转实现视场的扫描。

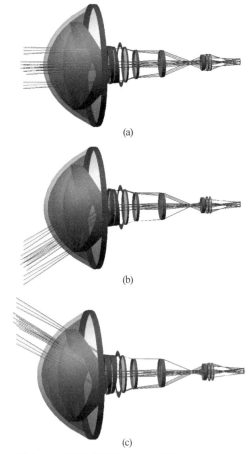

(a)

(b)

(c)

图 3.16　系统分别在不同扫描视场的结构图
(a) 0°扫描视场;(b) 30°扫描视场;(c) -30°扫描视场

图 3.17 为系统扫描视场在 0°、30°和－30°的 MTF 曲线,图 3.18 为系统扫描视场在 0°、30°和－30°的点列图,由此可看出在各个扫描视场下瞬时视场中心像质得以校正,满足成像要求。

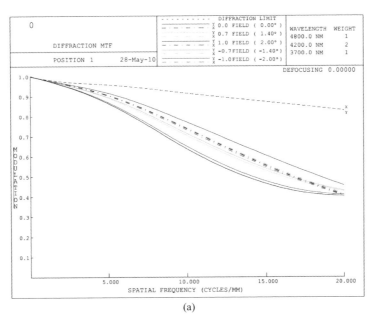

(a)

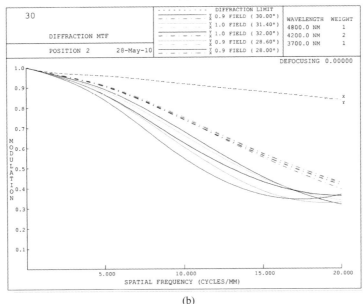

(b)

图 3.17　三个扫描视场下的 MTF 曲线

(a) 0°扫描视场;(b) 30°扫描视场;(c) －30°扫描视场

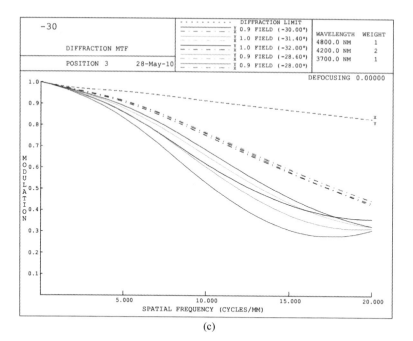

(c)

图 3.17 （续）

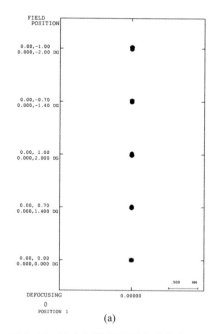

(a)

图 3.18 三个扫描视场下的系统点列图

（a）0°扫描视场；（b）30°扫描视场；（c）−30°扫描视场

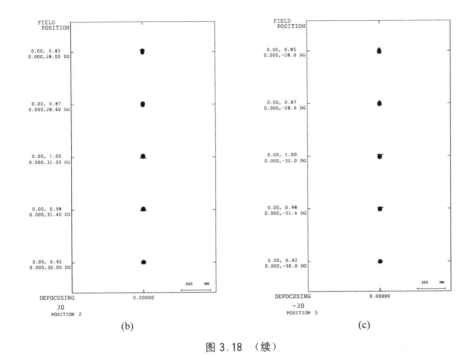

图 3.18 （续）

3.2.2 双光楔扫描光学系统

由于工艺所限,通常的红外焦平面探测器(FPA)的分辨率较低,为了提高系统分辨率,同时扩大搜索视场,红外光学系统通常采用多种光机结构进行目标扫描,如反射转鼓、摆镜等。一般导引头内部空间有限,减少驱动电机的使用及安装数量可以极大提高其空间利用率。传统反射扫描结构精确控制结构复杂且占据空间较大,在飞行器中使用会极大增加空气阻力。因此,为了使较大跟踪视场内的目标物能成像在探测器靶面上,同时减小空间占用,采用旋转累斯莱棱镜对进行光机扫描[6-7]。棱镜对在与光轴垂直的平面内绕着光轴旋转,在保持后续成像系统不运动的状态下,低温线圈和电子设备不随机械装置旋转运动,整体系统结构简单。

累斯莱棱镜可以看作一对旋转光楔,在较大视场范围内进行连续扫描,并且可以保持相对大的通光孔径。由于累斯莱棱镜具有能直接被电机驱动、机械结构简单、占据空间小等优点,在共形光学系统中有着极其广阔的应用前景。

典型的累斯莱棱镜对包含两个折射率同为 n 的、完全相同的光楔,在楔角 α 一定的情况下,可以在任意倾斜角 θ 及方位角 ϕ 视场内进行扫描。如图 3.19 所示,给定两光楔之间的相对方位角 ϕ',则所扫描视场的方位正弦 k_3 由式(3.5)~式(3.7)给出[8]:

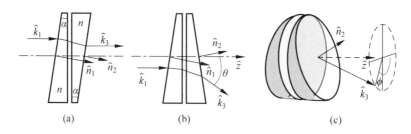

图 3.19 不同相对方位角 ϕ' 下理想累斯莱棱镜对的扫描视场

$$\begin{bmatrix} k_{3x} \\ k_{3y} \\ k_{3z} \end{bmatrix} = \begin{bmatrix} \cos\phi\sin\phi \\ \sin\phi\cos\phi \\ \cos\theta \end{bmatrix} = \begin{bmatrix} \beta\sin\alpha + \cos\phi'\sin\alpha\left[\sqrt{1-n^2\gamma^2(\phi')} - \gamma(\phi')\right] \\ \sin\phi'\sin\alpha\left[\sqrt{1-n^2+\gamma^2(\phi')} - \gamma(\phi')\right] \\ (1+\beta\cos\alpha) + \cos\left[\sqrt{1-n^2+\gamma^2(\phi')} - \gamma(\phi')\right] \end{bmatrix}$$

$$(3.5)$$

$$\beta = \sqrt{n^2 - \sin^2\alpha} - \cos\alpha \qquad (3.6)$$

$$\gamma(\phi') = \cos\alpha + \beta(\cos^2\alpha + \cos\phi'\sin^2\alpha) \qquad (3.7)$$

相同材料构成的光楔可以在单波长中进行有效的视场扫描,常用于激光指示系统。由于光学材料固有的色散性,对于常见的红外成像宽光谱范围,如 $3\sim5~\mu m$ 以及 $8\sim12~\mu m$,这种结构会产生大量的垂轴色差。如图 3.20 所示,给定光谱范围中的短波长光线相对长波长光线散射角更大,会极大影响成像系统的像质。两种材料胶合的光楔结构可以校正这种垂轴色差。

如图 3.21 所示为大扫描视场下的胶合双光楔对,假设两个胶合光楔是完全一样的,两种胶合材料的折射率分别为 n_1 和 n_2,则在较小视场角内,如式(3.8)的近似公式[9]

$$\delta_i(\lambda) \cong -n_1\left[\alpha - \frac{n_2}{n_1}\left(\beta - \frac{\beta-\alpha}{n_2}\right)\right] = \beta(n_2-1) - \alpha(n_1-1) \qquad (3.8)$$

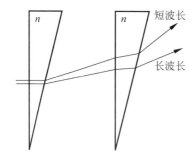

图 3.20 单一材料光楔对的强散射性

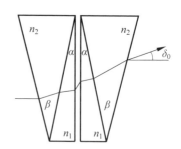

图 3.21 消色差胶合双光楔对结构

对其作关于波长的微分,并令其为零,得到

$$\beta = \alpha \frac{n_1{}'(\lambda_c)}{n_2{}'(\lambda_c)} \tag{3.9}$$

式中,$n'(\lambda_c)$ 表示折射率关于波长的一阶导数。可见,通过选择合适的楔角及材料折射率可以消除色散。

如图 3.22 所示为一个完整的导引头共形光学系统,包含 MgF_2 椭球整流罩、二次曲面校正镜、LiF 及 ZnS 胶合消色差旋转累斯莱棱镜对以及后端成像镜头,其性能指标见表 3.4。

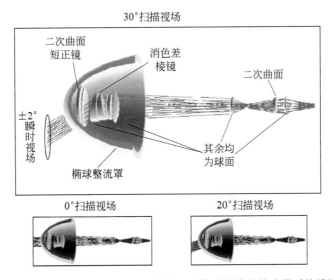

图 3.22 采用二次曲面校正镜补偿共形整流罩像差的光学系统设计

表 3.4 光学系统性能指标

参　数	数　值	参　数	数　值
谱段	3 800～5 000 nm	长径比	2.0
F	2.0	扫描视场	±30°
焦距	80 mm	瞬时视场	±2°

其后续光学系统采用二次成像结构,以达到 100% 冷光阑匹配效率,同时减小系统垂轴尺寸。首先,引入二次曲面校正镜以补偿前端整流罩引入的像差;之后,引入一个球面元件以控制场曲;然后采用消色差反转累斯莱棱镜对对其进行关联视场扫描。后端成像部分各镜片曲率半径见表 3.5。

表 3.5 成像部分镜片曲率半径

镜片	表面半径/mm	厚度/mm	玻璃
光阑		1.8	
透镜 1	−173.16	6	硅
	−118.73	0.53	
透镜 2	−115.84	6	锗
	401.36	7.08	
透镜 3	−494.10	6.02	硅
	−82.54	166.63	
透镜 4	27.44	5.07	硅
	31.48	26.78	
透镜 5	−14.51	5.78	硅
	−20.59	42.35	
透镜 6	−248.85	4.12	锗
	−143.27	8.67	
透镜 7	38.17	4.90	硅
	69.99		

如图 3.23 所示为各扫描视场下光学系统的垂轴像差。系统最终设计 MTF 接近衍射极限,如图 3.24 所示。可见采用单二次曲面固定校正镜的扫描共形光学系统成像质量良好。

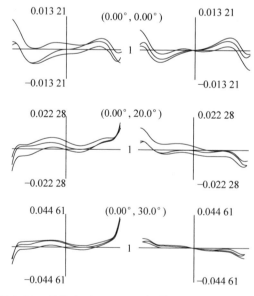

图 3.23 系统在 0°、20°及 30°扫描视场下的垂轴像差

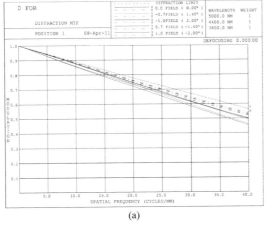

(a)

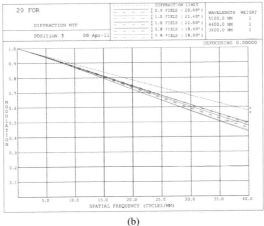

(b)

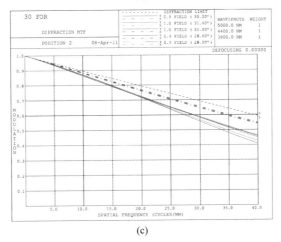

(c)

图 3.24 系统在不同扫描视场下的设计 MTF

（a）0°扫描视场；（b）20°扫描视场；（c）30°扫描视场

固定二次曲面校正器是补偿轴对称非球面共形光学系统像差的一种有效方法,成像质量良好且易于加工装调,表3.6列出二次曲面校正器的部分公差项。另外,其无需额外伺服电机,体积更小,尤其适宜于对工作环境有严格要求的导引头装配使用。

表 3.6　校正器的部分公差项

参　数	数　值	参　数	数　值
厚度变化/mm	0.025	元件偏心/mm	0.025
整体楔角/mm	0.025	随机 RMS 表面误差/λ	0.05
桶形倾斜/rad	0.001		

3.2.3　超广角扫描光学系统

仅采用单二次曲面固定校正器可以在一定范围的扫描视场内达到比较好的成像效果,但当系统在超大视场(大于120°)范围下进行扫描时,需要辅以动态像差校正器进行动态像差补偿。

如图3.25所示为长径比为2的椭球形整流罩及理想透镜以10°为间隔从0°～60°的7个不同扫描位置。图3.26为不同扫描视场下的部分泽尼克像差系数,可以看出三阶像散(Z5)及彗差(Z8)为影响成像质量的关键因素。然而在超广角视场下,这些像差随着视场角变化而不断变化,需要找出合适的解决方案以校正这些动态像差。

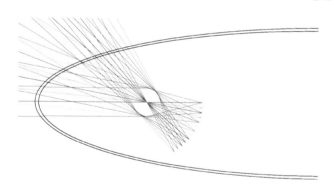

图 3.25　大扫描视场角下共形光学系统示意图

空间光调制器是一种对光波的波前分布进行调制的光电器件,广泛应用于光信息处理、输出显示、光束变换等领域。液晶空间光调制器(LC-SLM)体积紧凑、成本低廉、可以以千赫兹(kHz)的速率及较低的电压广泛应用于光波调制[10-13]。对于扫描系统,液晶空间光调制器可以动态校正光学系统的波前像差,在接近衍射极限成像质量的前提下,有效减少超大视角共形系统的结构复杂性[14]。

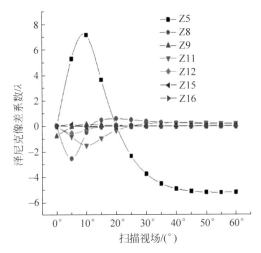

图 3.26　大扫描视场角下的泽尼克像差系数

液晶空间光调制器在两块平行玻璃板间包含大量双折射薄单元,采用向列型液晶的混合场效应工作模式[15],对每一个像素单元分别施加微小电压信号,对应液晶单元的折射率可以得到改变,从而控制光波延迟($OPD = \Delta n \times z$,其中 OPD 为光程差,Δn 为光传播方向的光程改变量,z 为物理长度)。由此可以给像差波前施加空间上具有一定分布的用户自定光程补偿。相位范围及像素分辨率决定了空间光调制器校正像差的能力。事实上,即使大波像差超过空间光调制器的动态范围,取 2π 余值像差校正仍能有效进行[16]。

在整个系统视场扫描范围内,可以通过液晶空间光调制器不断连续改变整个波面的光程,以达到动态像差校正的目的。因此通过对调制器每一个像素施加对应的电压,成像系统的光程就可以被正确地调制以补偿不断改变的波像差。每一个对应扫描视场所对应的像差通过提前计算,可以把该时刻扫描视场下,每一个像素所对应的电压值提前通过编程的方式储存在液晶空间光调制器的驱动控制数据库中。

由于导引头装置内部空间狭小,因此需要限制用于像差校正及视场扫描的元件数量及占据体积。设计实例为焦距 $100\ mm$,$F/2.0$ 的成像系统,具有 $120°$ 的扫描全视场角,采用中波杜瓦制冷红外焦平面探测器进行成像。表 3.7 列出了系统的详细参数。

表 3.7　超广角共形光学系统相关设计参数

参　　　数	数　　值	参　　　数	数　　值
波长	4 200 nm	整流罩长径比	2.0
F	2.0	扫描视场	$\pm 60°$
焦距	100 mm	瞬时视场	$\pm 2°$

采用 MgF_2 整流罩的超广角扫描共形光学系统结构,如图 3.27 所示。采用单固定二次曲面校正镜作为基本像差补偿元件,以旋转光楔对目标进行扫描,通过全反射棱镜来折叠光路以匹配反射式液晶空间光调制器。后端成像系统为传统红外二次成像结构,具有 100% 冷光阑匹配效率,同时可有效减小垂轴体积。表 3.8 列出了镜头表面参数。

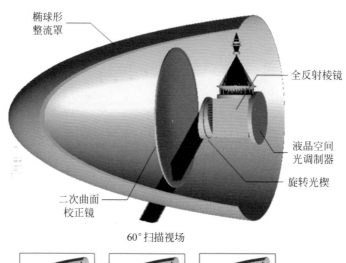

60° 扫描视场

0° 扫描视场

20° 扫描视场

40° 扫描视场

图 3.27　超广角扫描共形光学系统结构

表 3.8　镜头表面参数

镜　　　片	表面半径/mm	厚度/mm
光阑(SLM)		
透镜 1	−284.60	2
	308.62	1.353
透镜 2	1 538.14	5.35
	−177.77	0.1
透镜 3	62.71	5.35
	88.52	63.14
透镜 4	−9.90	5
	−12.40	8.90
透镜 5	69.13	2.54
	−701.90	0.5
透镜 6	10.07	2.16.9
	10.01	

液晶空间光调制器的表面属性通过 C 语言编译成动态链接库（DLL）文件，每一个像素上对应的控制电压作为变量参与系统优化。最终的优化结果所获得的表面像素控制相对电压如图 3.28 所示。

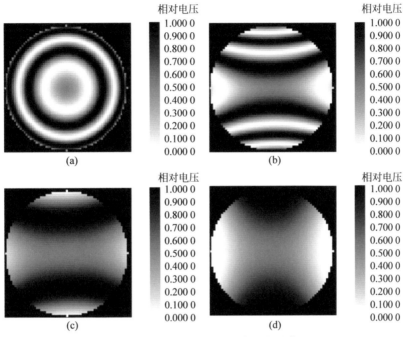

图 3.28　液晶空间光调制器表面相对电压

（a）0°；（b）20°；（c）40°；（d）60°

仿真不同扫描视场下液晶空间光调制器校正前后的系统均方根点列图尺寸如图 3.29 所示，几何弥散圆小于艾里斑直径，像差校正接近理想。如图 3.30 所示为

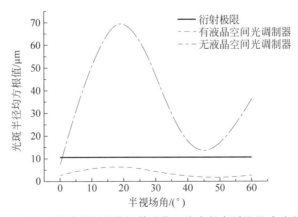

图 3.29　液晶空间光调制器校正前后像面均方根点列图尺寸对比曲线

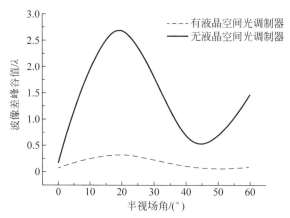

图 3.30　液晶空间光调制器校正波像差峰谷值对比曲线

系统校正前后残余波像差峰谷值（PV）从约 2.5λ 减小到 0.3λ。系统 MTF 接近衍射极限，如图 3.31 所示，液晶空间光调制器校正后图像质量良好。

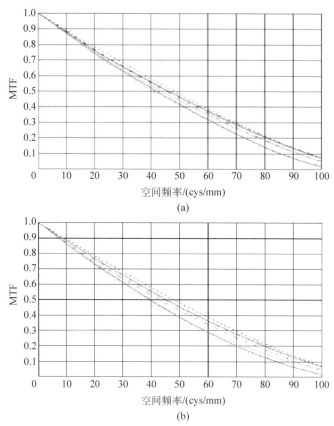

图 3.31　系统在 0°、25°、45°、60°视场扫描下的 MTF

(a) 0°扫描视场；(b) 25°扫描视场；(c) 45°扫描视场；(d) 60°扫描视场

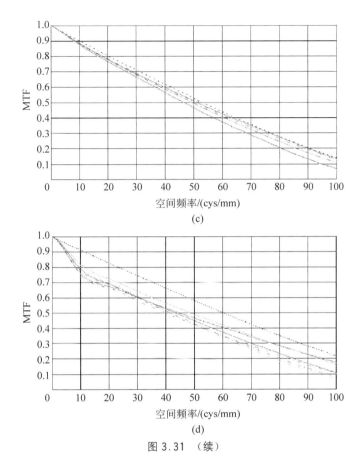

图 3.31　（续）

对于超广角周视扫描共形光学系统而言,采用液晶空间光调制器补偿像差易于实施、成本低廉、占用空间小,尤其适用于导引头狭窄的工作空间。但是该系统实际应用中还存在一些不足,如液晶空间光调制器仅适用于线偏振光,而红外成像光学系统中考虑光能损失一般不采用偏振片产生线偏振光。

3.3　步进变焦距共形光学系统设计方法

变焦光学系统的焦距改变时,能得到良好的像质并且像面位置稳定,从而可实现像面景物的大小可变,达到大视场搜索目标、小视场跟踪目标的良好视觉效果。红外光学成像技术应用范围不断扩展,共形光学系统中引入步进变焦结构的需求日趋强烈。

3.3.1　步进变焦系统成像基本原理

经过高斯光学计算获得光学系统初始结构参数,在两个焦距成像位置像面稳定。步进变焦光学系统如图 3.32 所示。

系统采用两档变焦结构,通过变倍组的步进运动便可实现。长焦端前固定组焦距为 f_1',变倍组焦距为 f_2',后固定组垂轴放大率为 β_3,变倍组物方和像方距离分别为 l 和 l',前固定组与变倍组间距为 d,固定组与变倍组的组合焦距为 f_{12}';短焦端前固定组焦距为 f_{1*}',变倍组焦距为 f_{2*}',后固定组垂轴放大率为 β_{3*},变倍组物方和像方距离分别为 l_* 和 l_*',前固定组与变倍组间距为 d_*,固定组与变倍组的组合焦距为 f_{12*}',有如下关系:

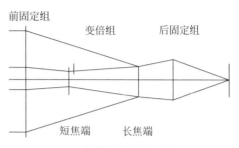

图 3.32　步进变焦光学系统示意图

长焦端时,

$$\frac{1}{l'} - \frac{1}{l} = \frac{1}{f_2'}, \quad \frac{1}{f_{12}'} = \frac{1}{f_1'} + \frac{1}{f_2'} - \frac{d}{f_1' f_2'} \tag{3.10}$$

短焦端时,

$$\frac{1}{l_*'} - \frac{1}{l_*} = \frac{1}{f_{2*}'}, \quad \frac{1}{f_{12*}'} = \frac{1}{f_{1*}'} + \frac{1}{f_{2*}'} - \frac{d}{f_{1*}' f_{2*}'} \tag{3.11}$$

对整个系统,有

$$l' - l = l_*' - l_* = c, \quad l_* - l = d, \quad l_*' = l' \tag{3.12}$$

式中,c 为变倍组共轭距,有变倍比

$$m = \frac{f_{12*}' \beta_3}{f_{12}' \beta_3} = \frac{f_{12*}'}{f_{12}'} \tag{3.13}$$

联立可得

$$\frac{cl + l^2 - dl - f_1' c}{l - d} = \frac{cl + l^2 - f_1' + dc}{ml} \tag{3.14}$$

对无限远物体,有

$$f_1' = l + d \tag{3.15}$$

代入,得

$$(m-1)l^3 - (md + c - d + 1)l^2 - mdcl = d^2 - d^2 c \tag{3.16}$$

给定参数 c、d、m 则可求得 l,进而获得其他参数,系统高斯解由此确立。

3.3.2　步进变焦系统设计要求及系统参数

设计一个含 MgF_2 椭球整流罩的双视场红外光学系统,可适用于较大范围的视场(20°)搜索与较小范围的视场(10°)跟踪,系统结构简单、长度短、运动部件单一。表 3.9 列出了系统的详细参数。

表 3.9　双视场共形光学系统相关设计参数

参　数	数　值	参　数	数　值
波长	3 800～4 600 nm	变焦比	2∶1
F	2.0	跟踪视场	±5°
焦距	35 mm/70 mm	搜索视场	±10°
整流罩长径比	2.0		

　　系统由窗口、单二次曲面校正镜和变焦透镜组等 9 片透镜组成,窗口及校正镜材料选用 MgF_2,其他透镜使用 Si、Ge 及 ZnSe,光学系统结构如图 3.33 所示。各组透镜表面参数详见表 3.10。

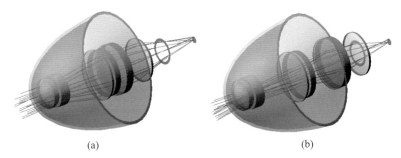

(a)　　　　　　　　　　　　(b)

图 3.33　变焦共形光学系统结构示意图

(a) 焦距=70 mm；(b) 焦距=35 mm

表 3.10　各组透镜表面参数

透镜组件	曲率半径/mm	厚度/mm	材　料
二次曲面校正镜	43.94	14.00	MgF_2
	33.30	11.72	
固定透镜组	−133.81	6.0	ZnS
	−63.26	4.04	
	−59.02	18.30	Si
	−130.14		
	2 357.44	10.09	ZnSe
	−123.41	1.00	
	−292.02	6.00	Ge
	387.85		
移动透镜组	131.48	10.34	Si
	−6 638.94	3.43	
	−388.46	6.00	ZnSe
	235.31	40.96	
	100.70	6.00	Ge
	134.04		

如图 3.34 所示为短焦与长焦的垂轴像差曲线。图 3.35 为短焦与长焦端的 MTF 曲线,在 40 lp/mm 处全视场下传递函数值均大于 0.3,像质良好。该椭球面整流罩成像系统利用基本变焦原理完成系统实际设计方案,解决了共形光学结构复杂及视场单一的问题,仿真结果分析表明成像质量良好,符合红外光学系统使用要求。

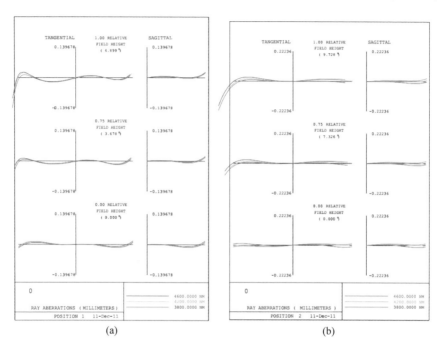

(a)   (b)

图 3.34　变焦共形光学系统垂轴像差图

(a) 焦距=70 mm;(b) 焦距=35 mm

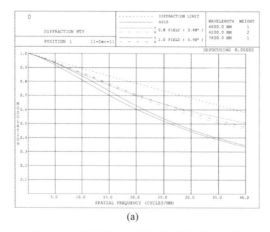

(a)

图 3.35　变焦共形光学系统调制传递函数

(a) 焦距=70 mm;(b) 焦距=35 mm

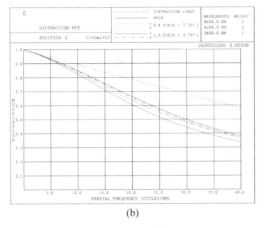

(b)

图 3.35　（续）

3.4　双波段二次曲面固定校正板系统设计方法

随着战争中伪装技术的发展,单一波段的光学系统已经很难满足对目标的探测识别。考虑到目标在不同波段下表现的光学特性有所差异,可见光和中波红外的双波段结合可实现飞行器的昼夜全天候作业。结合各个波段的成像优势,多波段的共形光学系统能够获取更多的目标信息。

常见的双波段光学系统一般为两种结构形式:一种是只采用一个探测器的共光路系统,前提是探测器在两个波段都能够响应;另一种由于受光谱特性的限制,很难做到同时响应两种波段的探测器,需分别采用两个探测器来接收两条光路的成像信息[17]。本书的设计方法介绍第二种方式,采用可见光和中波红外两种波段,设计两条子光路,再采用两条光路平行放置的方式将两个子系统组合起来。

3.4.1　可见光光学系统设计

两条光路并行的结构视场较小,可见光子系统位于轴心,其体积需较小。系统中需要两个子系统与整流罩之间留有足够的距离,保证两条光路并行摆放时不产生遮挡。可见光子系统具体参数见表 3.11。

表 3.11　可见光子系统参数

参　　数	数　　值	参　　数	数　　值
探测器像素	752×528	相对孔径	1/2.8
像元尺寸	8.6 μm×8.3 μm	全视场	9.2°
焦距	50 mm	工作波段	390~760 nm

共形整流罩光学系统最大的像差为彗差和像散,为了能够更好地补偿这两种像差,需要选择一种校正器作为光学系统的像差补偿系统。此结构的系统视场角比较小,椭球形整流罩的成像部分比较接近旋转对称的球形整流罩的光学特性,因此使用一个二次曲面的固定校正器便可校正此像差。

建立一个椭球整流罩,其后的成像系统为 50 mm 焦距的理想透镜。校正器的材料为 K9,厚度为 2 mm,半径以及二次曲面系数设置为变量,对系统进行优化得到最后的校正结构,如图 3.36 所示,将放置校正器前后的系统 MTF 进行对比分析,可以看出此时的校正器已经很大程度地校正了整流罩引起的像散和彗差,系统的成像质量完好,基本达到了衍射极限。

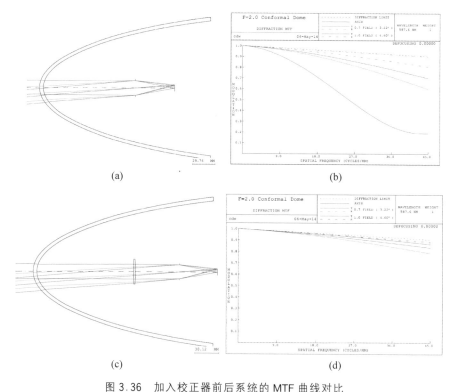

图 3.36　加入校正器前后系统的 MTF 曲线对比

(a)、(b) 加校正器前的结构图和 MTF;(c)、(d) 加校正器后的结构图和 MTF

椭球面整流罩越靠近顶点的位置空间越狭窄,为了给红外光学系统留出足够的空间并行放置,要求可见光和红外光学系统的成像系统设计要与顶点距离远一些。可见光学系统的焦距为 50 mm,属于中等焦距的光学系统,系统会产生大量的色差。综合考虑系统的设计参数,初始结构选用对色差有足够校正能力的双高斯对称结构。

在优化的过程中发现,光阑的位置对像差和整体结构的合理性有着重要影响,因此将光阑放到了两块胶合透镜组的前面。为了提高成像系统的像差校正能力,在优化的过程中也将校正器的半径和圆锥系数(conic)设置为变量,然而得到的校正器半径和圆锥系数特别大,见表 3.12。这样的面型给后续生产的加工和检测带来了巨大的挑战,因此要分析这个面型所承担的像差,并将系统的像差分担给校正器后面的成像系统,以减小此面型的圆锥系数。

表 3.13 中的数据显示,这个面主要承担的像差有像散、彗差和球差,为了减少此面承担的这些像差,将此面的参数设定一个约束范围,根据现阶段的加工工艺水平,圆锥系数限定在绝对值 30 以内。然后在不引入新的透镜或者非球面等新的自由度的前提下,先进行优化设计,最后得到了如下设计结果,三维结构如图 3.37 所示。

表 3.12　优化前后校正器前表面非球面参数

(前)参数	值	(前)参数	值
y 半径	$-4\,845.406\,7$	y 半径	-554.3184
二次曲面常数 K	$-3.987\,9\times10^{n}$	二次曲面常数 K	30

表 3.13　校正器前表面所承担像差数据

像差	球差	彗差	切向像散	矢向像散	匹兹伐模糊
值	0.000 00	$-0.000\,035$	$-0.000\,932$	$-0.000\,243$	0.000 102

像差	畸变	轴向色差	垂轴色差	匹兹伐曲面曲率	
值	$-0.007\,121$	$-0.000\,725$	$-0.021\,243$	0.000 070	

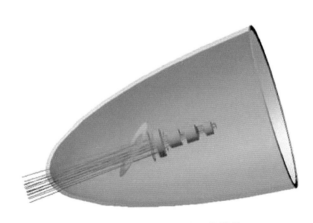

图 3.37　可见光子系统三维结构

如图 3.38 所示点列图可以看到,在 0°、3.22°、4.62°视场的弥散斑直径 RMS 值分别为 2.996 μm、3.352 μm、4.058 μm,均小于像元尺寸 8.6 μm×8.3 μm;如图 3.39 所示 MTF 曲线,MTF 在 50 lp/mm 处各视场都达到了 0.85 以上;如图 3.40 所示光线像差曲线中可以看出,彗差和像散的最大值不大于 9.152 μm;如图 3.41 所示畸变小于 5%。由以上分析可知,此系统的像质满足设计要求。

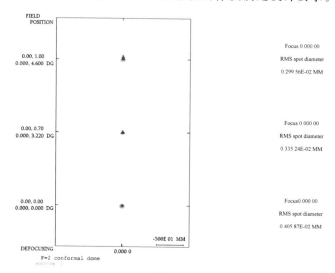

图 3.38　可见光子系统点列图

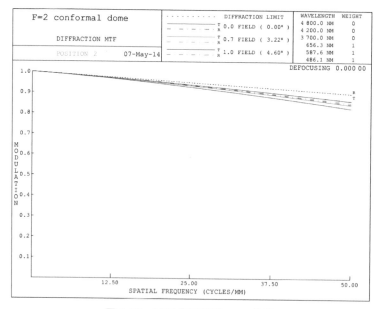

图 3.39　可见光子系统 MTF 曲线

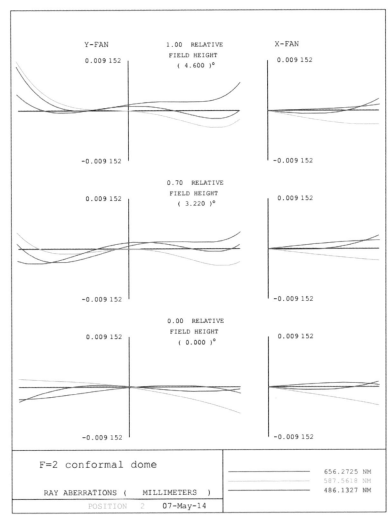

图 3.40 可见光子系统光学特性曲线

3.4.2 红外光学系统设计

红外光学系统的结构主要分为四种形式:反射式、透射式、折反混合式和折衍式[18]。

(1)反射式光学系统

反射式光学系统主要包括卡塞格林系统、格里高利系统和三反系统。反射式光学系统第一个优点就是反射镜不用考虑选择材料的问题,红外光学材料的种类很少,特别是能够透射中波红外的材料更是有限。反射式结构既不产生色差也不产生二级光谱色差,它不受工作波段的限制,能够做到尺寸很大;而且具有质量

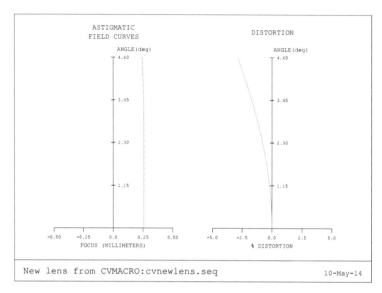

图 3.41　可见光子系统畸变曲线

轻,易实现无热化和消杂光等特点。不过,反射式结构的缺点也很明显,视场角一般比较小,容易产生中心遮拦,也无法完成扫描等要求。

(2) 透射式光学系统

红外谱段透射式光学系统中可选用的透镜材料比较少,因此要合理进行玻璃材料的组合才能完成系统对色差和其他像差的校正,对于宽谱段、大口径和长焦距的系统有一定的局限性。透射式结构的优点是:自由度比较多,在最大限度校正系统像差的同时能够实现大视场的要求;没有中心遮拦,光学系统的透射效率比较高。

(3) 折反混合式光学系统

折反混合式光学系统顾名思义即透射式和反射式结构的组合。它可以有效改善两种系统的缺陷,解决了透射式系统口径不能太大,反射式系统视场角不能太大的问题。在拥有双倍优点的同时也必然存在两者的缺点,折反式光学系统依然存在色差和中心遮拦。

(4) 折衍式光学系统

折衍式光学系统是随着衍射光学元件技术的兴起而发展起来的,这样的光学系统具有极大的优势,它能够做到结构简单而且成像质量良好。一般在设计时引入衍射面,衍射面所增加的自由度提高了对系统像差的校正能力,有效地提高了光学系统的成像质量。它能够代替非球面的使用,为实际的加工和检测减少了难度。

综合以上四种光学结构形式的优缺点,接下来介绍一种透射式结构的设计方法,此方法有利于实现红外系统与可见光子系统两光路平行放置。此结构采用制冷型红外探测器,因此在设计时必须考虑冷光阑匹配效率问题。

实现整个光学系统 100% 的冷光阑效率,通常有两种方法:一种是通过二次成像,二次像在冷光阑上,从而成为限制系统的孔径光阑;另一种是一次成像,将探测器的冷光阑作为系统的孔径光阑[19-20]。本书采用一次成像的方法,选择探测器的 F 与成像光学系统 F 相同,从而实现冷光阑效率 100%。

红外光学系统的设计要考虑能量的问题,因此红外光学子系统 F 设为 2,焦距为 50 mm,其余参数见表 3.14。

表 3.14　红外光学子系统设计参数

参　　数	数　　值	参　　数	数　　值
探测器像素数	256×256	相对孔径	1/2
像元	$25~\mu m \times 25~\mu m$	全视场	$9.2°$
焦距	50 mm	工作波段	$3.7 \sim 4.8~\mu m$

方法同可见光子系统校正器的设计,优化后得到二次曲面固定校正器,材料为锗,图 3.42 为加入校正器前后系统 MTF 曲线的对比,二次曲面固定校正器较好地校正了整流罩带来的像差。

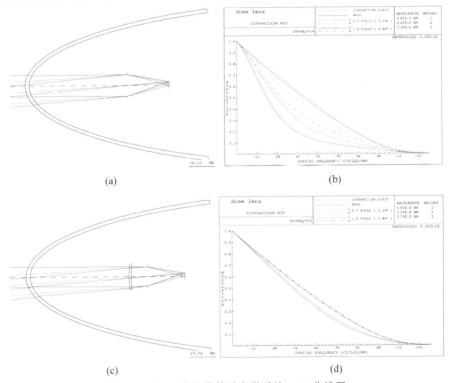

(a) (b)

(c) (d)

图 3.42　加入校正器前后光学系统 MTF 曲线图
(a),(b) 加校正器前的结构图和 MTF;(c),(d) 加校正器后的结构图和 MTF

图 3.43 为优化设计后的三维结构,通过图 3.44 所示点列图、图 3.45 所示
MTF 曲线、图 3.46 所示包围圆能量曲线可知系统的成像质量得到较好的提升。

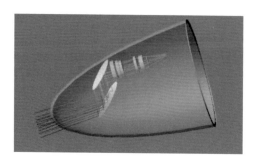

图 3.43　红外光学系统三维结构

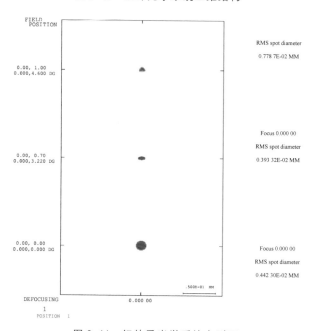

图 3.44　红外子光学系统点列图

3.4.3　双波段共形光学系统组合

可见光子系统和红外子系统进行组合,得到双波段的椭球罩共形光学系统,如
图 3.47 所示。采用两光路并行的结构方式,每个子系统的设计要考虑口径的大小
以及距离整流罩顶点的距离等因素,以保证两光路并行放置时不产生遮挡。最后
只需采用反射镜将两光路简单组合即可,系统在整流罩最近的位置被半反半透镜
分离,各光学系统在成像上互不影响。

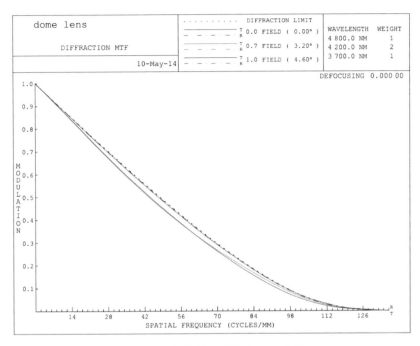

图 3.45　红外子光学系统 MTF 曲线

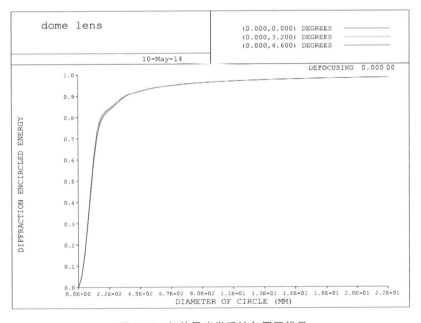

图 3.46　红外子光学系统包围圆能量

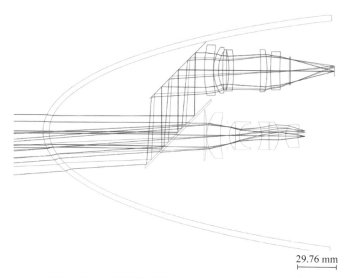

29.76 mm

图 3.47　双波段椭球罩共形光学系统组合示意图

3.5　共形双模光学系统设计方法

在各种成像方式中,红外成像以其高成像质量以及高性价比的特点在高精度成像领域占有一席之地,并成功地应用在多种型号的飞行器上。红外成像具有高灵敏度、高空间分辨率、较强的抗电磁干扰能力,以及良好的隐蔽性的特点。但是,随着工作环境的日益恶化,单一模式的红外成像模式越来越难以满足现代各种飞行器成像的需要,仅能获取成像目标的二维信息以及易受各种干扰的缺点越来越影响到单模红外成像系统的应用范围。

毫米波段低频毗邻厘米波波段,具有全天候的特点,高频毗邻红外波段,具有高分辨率的特点。并且毫米波成像可用带宽大,具有高多普勒频率,以及对隐蔽的目标具有高识别率的特点[20]。

双模成像结构可综合两种成像模式的优点,提升效率。同时共形整流罩能够提升飞行器的空气动力学性能,减少飞行器的飞行阻力,增加飞行器的飞行速度与飞行半径。双模共形整流罩结构能从各方面提高光学系统性能。

3.5.1　共形双模光学系统成像原理

共形双模光学系统分为两部分:一部分是毫米波接收系统,另一部分是红外成像系统。整体光学系统结构采用卡塞格林式结构进行目标探测。

毫米波接收系统的作用是探测目标辐射的毫米波。目标辐射出的毫米波以及红外波的混合通过共形整流罩进入系统,混合波先通过主镜反射,经过次镜时,红外波被反射,而毫米波直接透射到毫米波探测器。毫米波系统对大范围视场进行扫描、探测、确定目标所在方位后,调整飞行器位姿,转用红外成像光学系统对目标进行成像。

红外成像光学系统的作用是当毫米波系统探测到目标后,红外系统进行清晰成像,由共形整流罩引入的非对称像差应用球罩内表面的非球面对非对称像差进行校正,取代传统模式下的校正板,减少红外成像系统的复杂程度。

首先,红外/毫米波共孔径的共形光学系统在共形整流罩内表面以及次镜上引用非球面对共形整流罩引入的非轴对称球差进行校正,使红外系统的成像质量接近衍射极限。其次,卡塞格林系统次镜的分光膜实现了多谱段分光作用,减少了光机结构的复杂性,使系统更加紧凑,为后续的结构留出空间。该系统能通过两种模式的切换实现对目标精确成像。

为提升整个光学系统的空气动力学性能,光学系统长径比需为1,对红外波段以及毫米波段光波进行探测。

红外成像系统存在多种噪声,它们以综合的形式表现出来,用噪声等效温差(NETD)来表示。热像系统对测试图案进行观察,当基准电子滤波器的输出信号等于系统本身的均方根时,辐射系统的黑体目标和背景之间的温差就是 NETD。NETD 是综合评价红外成像系统性能的重要参数,客观评价了热成像系统的灵敏度。在对红外探测系统的光学部分进行参数指标计算时,采用 NETD 及其修正的仿真模型进行数字仿真分析。红外探测器系统采用 NETD 模型及其修正的仿真模型进行数字仿真分析,其计算流程如图 3.48 所示。

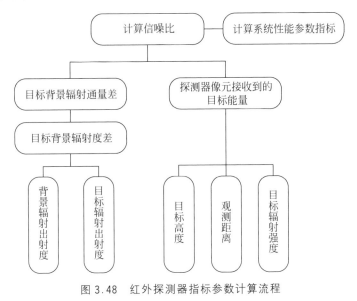

图 3.48　红外探测器指标参数计算流程

在计算目标背景辐射通量差时,主要考虑目标辐射出射度和背景杂波辐射出射度。根据普朗克公式可知,物体的辐射出射度是波长和温度的函数。在实际问题中,不管是目标或者环境,经历热交换后温度最终趋向于恒定值,因此求物体的辐射出射度可以只对辐射波长进行积分计算。当目标和背景的温度确定后,根据目标和背景环境的辐射波段来计算目标和环境的辐射出射度,其计算如下[21]。

背景辐射出射度 M_b 计算公式:

$$M_b = \int M_0(\lambda, T_b) \mathrm{d}\lambda \qquad (3.17)$$

目标辐射出射度 M_t 计算公式:

$$M_t = \int M_0(\lambda, T_t) \mathrm{d}\lambda \qquad (3.18)$$

目标和背景的辐射出射度差为

$$\Delta M = M_t - M_b \qquad (3.19)$$

对于红外成像系统,目标背景辐射通量差为

$$\mathrm{NEP} = \Delta\Phi = \frac{p^2}{4F^2}\tau_0\Delta M \qquad (3.20)$$

探测器采集红外辐射的过程可以简单地描述为:首先是物体发射辐射能,然后红外辐射能在大气或者自然界传播通过光学镜头进入红外系统,最后光学系统把红外辐射聚焦在焦平面的探测器上。在这个过程中,探测器像元所接收的能量的多少与目标辐射能力、目标到探测器的距离和探测器镜头的光学参数等因素有关。当目标到探测器距离越远,目标发射能力越弱,探测器镜头透光能力差时,探测器像元接收到的能量越少,其计算公式可表示为

$$\Phi_t = \frac{I\cos\theta}{l^2} \cdot \pi\left(\frac{D}{2}\right)^2 \cdot \tau_0 = \frac{I \cdot L}{(L^2+H^2)^{3/2}} \cdot \frac{1}{4}\pi\tau_D^2 \qquad (3.21)$$

式中,H 为工作高度,L 为观测距离,I 为目标辐射强度。普朗克公式为

$$M_0(\lambda, T) = \frac{c_1}{\lambda^5} \frac{1}{\exp(c_2/\lambda T) - 1} \qquad (3.22)$$

式中,由于黑体是朗伯辐射体,故也可得到辐亮度(式(3.23));以波长表示辐射出射度公式,第一辐射常数 $c_1 = 2\pi hc^2 = 3.7418 \times 10^{-16}$ W·m^2,第二辐射常数 $c_2 = hc/k = 1.4388 \times 10^{-2}$ m·K,k 为玻尔兹曼常数,c 为光速。

$$L_0(\lambda, T) = \frac{c_1}{\pi\lambda^5} \frac{1}{\exp(c_2/\lambda T) - 1} \qquad (3.23)$$

3.5.2　共形双模光学系统设计

根据红外探测器计算公式,可以得到共形光学系统参数为:整流罩长径比为1,

毫米波系统焦距 $f=1$ m,毫米波波段 5 mm,系统的通光孔径为 70 mm,红外系统焦距 $f=2$ m,红外波段 $3.5\sim5$ μm。根据参数对系统进行设计,系统在 0°视场时的光学系统示意图如图 3.49 所示。

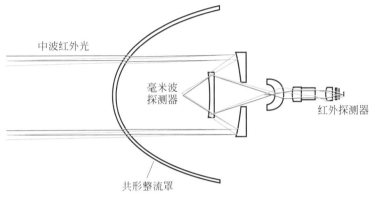

中波红外光

毫米波
探测器

红外探测器

共形整流罩

图 3.49　共形双模光学系统示意图

5 mm 波段的毫米波以及 $3.5\sim5$ μm 的红外中波通过共形整流罩前表面入射,并通过蚀刻泽尼克非球面的共形整流罩内表面出射进入到后续成像系统。当复合波通过卡塞格林系统的主镜进行反射,入射到次镜时,通过对卡塞格林系统次镜进行镀膜处理,毫米波从次镜透射并最终成像在毫米波探测器上,而红外光波进行反射,并通过后续的成像系统最终成像在红外探测器上。

该光学系统工作时有两种工作模式,毫米波探测和中波红外探测。当目标距离较远的时候采用毫米波对目标进行探测,毫米波探测部分扫描视场为 $2\omega=60°$,凝视视场为 $2\omega=2°$。毫米波探测时不同角度的探测示意图如图 3.50 所示。

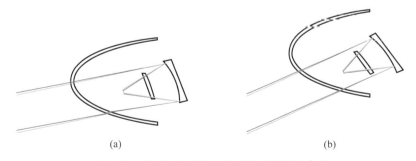

(a)　　　　　　　　　　　　　　　(b)

图 3.50　共形双模光学系统毫米波探测示意图

(a) 毫米波探测系统 15°探测;(b) 毫米波探测系统 30°探测

通过毫米波探测系统的点列图如图 3.51 所示。当毫米波系统旋转进行探测的时候,其不同视场的光斑 RMS 直径都优于 13 mm,满足毫米波探测器的要求。

当通过毫米波系统进行大视场扫描搜索目标并发现目标,飞行器调整位姿,朝

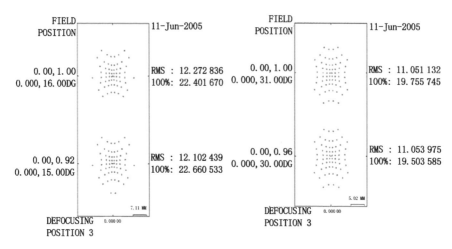

图 3.51　共形双模光学系统毫米波探测点列图

着目标前行,当飞行器与目标间距变小时,改用红外模式进行中波红外探测,进行清晰成像。这时飞行器接近探测目标,改用小角度的微调对目标进行精确成像,中波红外探测系统的推扫角度为 $2\omega=30°$,凝视视场为 $2\omega=2°$。红外光学系统成像光路如图 3.52 所示。

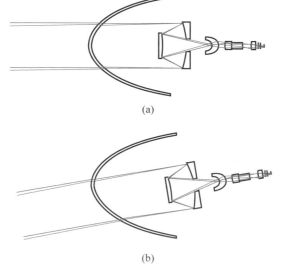

图 3.52　共形双模光学系统红外探测示意图

(a) 红外探测系统 0°探测;(b) 红外探测系统 15°探测

其不同视场的成像 MTF 曲线如图 3.53 所示,系统在 0°视场时,MTF 接近衍射极限;在 15°视场时,成像质量也较好,MTF 在 30 lp/mm 处大于 0.4。

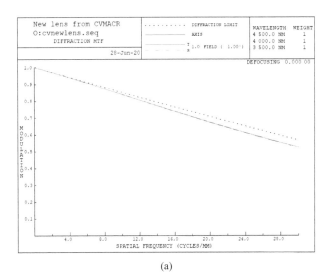

(a)

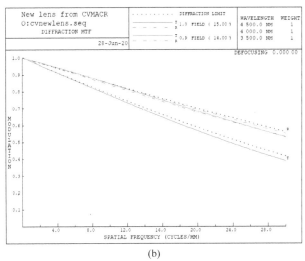

(b)

图 3.53　共形双模探测系统红外探测 MTF 曲线

（a）红外探测系统 0°成像 MTF 曲线；（b）红外探测系统 15°成像 MTF 曲线

从图 3.54 可知，系统在各个视场的点列图 RMS 直径均小于 20 μm。其中 0°视场的各种像差均得到了较好的校正；15°系统中色差得到了较好的校正，残余像差主要是像散和场曲，这是由于系统扫描后，相对于共形整流罩的光轴发生了偏转，引入了大量的非对称像差。非球面可以校正一部分高阶像差和非对称像差，达到提高成像质量的效果。但是对于残余的像散和场曲，需要引入自由曲面等特殊表面，才能得到更好的校正。

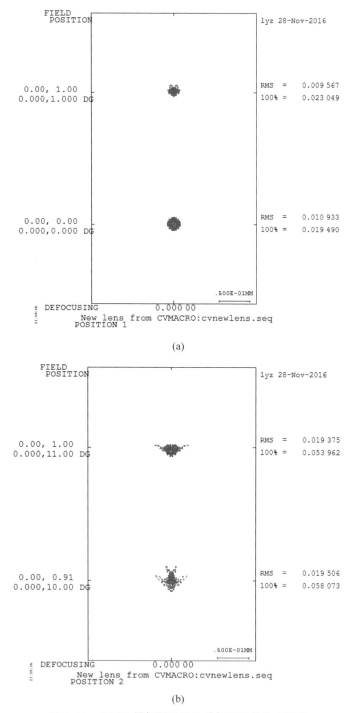

图 3.54　共形双模探测系统红外探测系统的点列图

（a）红外探测系统 0°时的点列图；（b）红外探测系统 15°时的点列图

从图 3.55 可知,共形双模探测系统红外探测系统还存在部分像散;全视场内的畸变小于 0.56%。

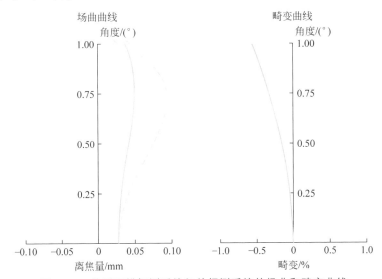

图 3.55　共形双模探测系统红外探测系统的场曲和畸变曲线

图 3.56 是共形双模探测系统红外探测系统的光线像差图,两个视场的色差、场曲均校正,像散和彗差存在,但能满足成像要求。

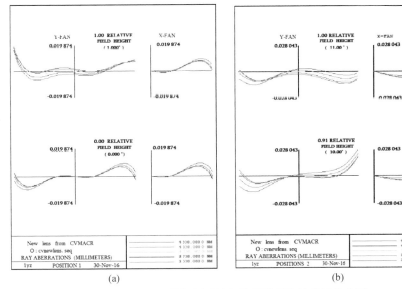

图 3.56　共形双模探测系统红外探测系统的光线像差图

(a) 红外探测系统 0°时的像差图;(b) 红外探测系统 15°时的像差图

通过上述分析可以看出,利用在共形球罩内表面增加非球面,可以校正系统回扫过程因共形球罩而引入的非对称像差,从而实现系统的清晰成像,提高光学系统性能指标。

参考文献

[1] WASSERMANN G W. On the theory of aplanatic aspheric systems[J]. Proc. Phys Soc,1949,62B: 2-8.

[2] 徐况,常军,程德文,等.适用于非对称系统的 Wassermann-Wolf 方程组[J].光学技术,2007,33(Z1): 355-356.

[3] 张以谟.应用光学[M].北京:电子工业出版社,2008.

[4] 张俊峰,张文中.远紫外超广角镜头的光学设计[C].北京,中国:中国兵工学会 2009 年光学与光电技术交流会,2009,35: 14-15,19.

[5] 王永仲.鱼眼镜头光[M].北京:科学出版社,2006.

[6] 孙金霞,孙强,李东熙,等.利用衍射光学元件进行共形整流罩像差校正的研究[J].物理学报,2007,56(7): 3900-3905.

[7] 李东熙,卢振武,孙强,等.基于 Wassermann-Wolf 方程的共形光学系统设计研究[J].物理学报,2007,56(10): 5766-5771.

[8] LACOURSIÈRE J,DOUCET M. Large-deviation achromatic Risley prisms pointing system[C]. Seattle,WA,United States: Proc. SPIE,2002,4773: 123-131.

[9] CURATU E,CHEVRETTE P. Rotating-prism scanning system to equip an NFOV camera lens[C]. Proc. SPIE,1999,3779: 0277-786X.

[10] RESTAINO R,BAKER T,DAYTON C,et al. State of the art in liquid crystal technologies for wavefront compensation: an AFRL perspective[C]. Barcelona,Spain: Proc. SPIE,2000,4167: 157-161.

[11] MCMANAMON F,DORSCHNER A,CORKUM L,et al. Optical phased array technology[J]. Proccedings of the IEEE,1996,84(2): 268-298.

[12] LOVE D. Wave-front correction and production of Zernike modes with a liquid-crystal spatial light modulator[J]. Applied Optics,1997,36(7): 1517-1524.

[13] PENG Q,CHANG J,FENG S,et al. Reflective foveated optical imaging system based on liquid crystal spatial light modulator[C]. Beijing,China: Proc. SPIE,2010: 7849: 78491I.

[14] MARTINEZ T,WICK D,RESTAINO S. Foveated,wide field-of-view imaging system using a liquid crystal spatial light modulator[J]. Opt. Express,2001,8: 555-560.

[15] CURATU G,WICK V,PAYNE M,et al. Wide field-of-view imaging system using a liquid crystal spatial light modulator[C]. San Diego,California,United States: Proc. SPIE,2005: 58740801-7.

[16] ACTON S. Correction of static optical errors in a segmented adaptive optical system[J]. Appl. Opt,1995,34: 7965-7968.

[17] LOVE D. Wave-front correction and production of Zernike modes with a liquid-crystal

spatial light modulator[J]. Appl. Opt,1997,36：1517-1524.

［18］　ROBERT E F. 红外系统的光学设计[J]. 汪世祯,译. 云光技术,2000,32(6)：6-25.

［19］　ROBERT E F. Lens design for the infrared[C]. San Jose,CA,United States：Infrared Optical Design and Fabrication：A Critical Review,1991,10260：1026003.

［20］　白清兰,马彩文,孙东岩. 红外光学系统出瞳与冷屏匹配方式及渐晕分析计算[J]. 红外技术,2006,(2)：95-97.

［21］　胡海鹤. 红外视景仿真关键技术研究[D]. 北京：北京理工大学,2015.

第 4 章

含离轴整流罩共形光学系统的设计方法

许多军用和民用的光学设备均采用偏心和倾斜的光学系统[1],这类系统有着特殊的用途与成像要求。有的是基于成像性能上的考虑,比如大视场、无遮拦的光学系统;有的是基于整体结构上的考虑,比如系统的轴线上要放置其他非光学元件(电子元件或机械元件等);还有的是特殊领域的应用,比如透视型头盔显示器投射显示系统。随着共形光学研究的不断发展,研究含偏心和倾斜整流罩光学系统很有必要。

本章简要介绍偏心倾斜光学系统的像差理论,然后介绍两种含偏心和倾斜整流罩的系统实例,分析其像差特性。利用像差补偿的方法,对系统中的其他光学元件做适当的偏心和倾斜,以最大程度地消除偏心倾斜整流罩对成像质量带来的影响。最后以机载红外系统为背景,介绍摆镜扫描和鼓式扫描系统的设计方法。

4.1 偏心倾斜光学系统像差理论

矢量像差理论采用三阶像差(塞德尔像差)作为评价光学系统的成像指标[1]。共轴旋转对称光学系统三阶波前像差塞德尔多项式为

$$W = \sum_j W_j = \sum_j W_{040j}(\boldsymbol{\rho} \cdot \boldsymbol{\rho})^2 + \sum_j W_{131j}(\boldsymbol{H} \cdot \boldsymbol{\rho})(\boldsymbol{\rho} \cdot \boldsymbol{\rho}) +$$

$$\sum_j W_{222j}(\boldsymbol{H} \cdot \boldsymbol{\rho})^2 + \sum_j W_{220j}(\boldsymbol{H} \cdot \boldsymbol{H})(\boldsymbol{\rho} \cdot \boldsymbol{\rho}) + \sum_j W_{311j}(\boldsymbol{H} \cdot \boldsymbol{H})(\boldsymbol{H} \cdot \boldsymbol{\rho})$$

$$(4.1)$$

式中,$\boldsymbol{H}$ 是归一化场点高度(实际场点高度除以像高),$\boldsymbol{\rho}$ 是出瞳处归一化的孔径高度(实际孔径高度除以出瞳半径),W_j 为第 j 面实际波前与参考波前的光程差。

倾斜和偏心光学系统中,有两点需要特别注意[2]:像面上像差场依然是每个面像差贡献量的总和;在偏心和倾斜系统中,每个面的像差场在像面上不再具有相同的中心位置,而是各自相对于参考轴(光学系统的机械轴)有一个偏离量。即每个面的像差场中心相对于共轴旋转对称光学系统的像差场中心有偏离,如图 4.1 所示[3],偏离量可用 $\boldsymbol{\sigma}_j$ 表示,因此加入偏心和倾斜后的波前像差展开式为[4]

$$
\begin{aligned}
W = &\sum_j W_{040j}(\boldsymbol{\rho} \cdot \boldsymbol{\rho})^2 + \sum_j W_{131j}[(\boldsymbol{H} - \boldsymbol{\sigma}_j) \cdot \boldsymbol{\rho}](\boldsymbol{\rho} \cdot \boldsymbol{\rho}) + \\
&\sum_j W_{222j}[(\boldsymbol{H} - \boldsymbol{\sigma}_j) \cdot \boldsymbol{\rho}]^2 + \sum_j W_{220j}[(\boldsymbol{H} - \boldsymbol{\sigma}_j) \cdot (\boldsymbol{H} - \boldsymbol{\sigma}_j)](\boldsymbol{\rho} \cdot \boldsymbol{\rho}) + \\
&\sum_j W_{311j}[(\boldsymbol{H} - \boldsymbol{\sigma}_j) \cdot (\boldsymbol{H} - \boldsymbol{\sigma}_j)][(\boldsymbol{H} - \boldsymbol{\sigma}_j) \cdot \boldsymbol{\rho}]
\end{aligned} \tag{4.2}
$$

式中,$\boldsymbol{H} = H\mathrm{e}^{\mathrm{i}\theta}$,$\boldsymbol{\rho} = \rho\mathrm{e}^{\mathrm{i}\phi}$,各矢量可在如下坐标系中表示,如图 4.2 所示。

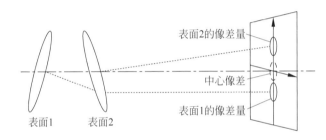

图 4.1　偏心和倾斜表面的像差场在像面的偏离

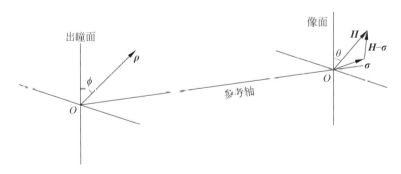

图 4.2　场点矢量、孔径矢量和偏离矢量

1. 球差

式(4.2)的第一项:

$$
W = \sum_j W_{040j}(\boldsymbol{\rho} \cdot \boldsymbol{\rho})^2 \tag{4.3}
$$

式中没有 $\boldsymbol{\sigma}_j$ 项,即系统中光学元件的倾斜和偏心对球差没有影响。

2. 彗差

式(4.2)的第二项：

$$W = \sum_j W_{131j}(\boldsymbol{H} \cdot \boldsymbol{\rho})(\boldsymbol{\rho} \cdot \boldsymbol{\rho}) - \sum_j W_{131j}(\boldsymbol{\sigma}_j \cdot \boldsymbol{\rho})(\boldsymbol{\rho} \cdot \boldsymbol{\rho}) \tag{4.4}$$

令 $W_{131} = \sum_j W_{131j}$，$\boldsymbol{A}_{131} = \sum_j W_{131j} \cdot \boldsymbol{\sigma}_j$，得

$$W = W_{131}(\boldsymbol{H} \cdot \boldsymbol{\rho})(\boldsymbol{\rho} \cdot \boldsymbol{\rho}) - (\boldsymbol{A}_{131} \cdot \boldsymbol{\rho})(\boldsymbol{\rho} \cdot \boldsymbol{\rho}) \tag{4.5}$$

第一项为共轴系统中初级彗差的总和，第二项为一个常数。即如果共轴系统的彗差被校正后，偏心和倾斜系统的彗差是与像场无关的不变量。

令

$$\boldsymbol{a}_{131} = -\boldsymbol{A}_{131}/W_{131}$$

式(4.5)进一步整理为

$$W = W_{131}[(\boldsymbol{H} - \boldsymbol{a}_{131}) \cdot \boldsymbol{\rho}](\boldsymbol{\rho} \cdot \boldsymbol{\rho}) \tag{4.6}$$

像面上彗差为零的点的坐标由矢量 $\boldsymbol{a}_{131}$ 确定。

式(4.2)中的第三项可以拆分成三项

$$\sum_j W_{222j}[(\boldsymbol{H} - \boldsymbol{\sigma}_j) \cdot \boldsymbol{\rho}]^2$$

$$= \sum_j W_{222j}(\boldsymbol{H} \cdot \boldsymbol{\rho})^2 - 2\sum_j W_{222j}(\boldsymbol{H} \cdot \boldsymbol{\rho})(\boldsymbol{\sigma}_j \cdot \boldsymbol{\rho}) + \sum_j W_{222j}(\boldsymbol{\sigma}_j \cdot \boldsymbol{\rho})^2 \tag{4.7}$$

令 $W_{222} = \sum_j W_{222j}$，$\boldsymbol{A}_{222} = \sum_j W_{222j} \cdot \boldsymbol{\sigma}_j$，系统的像散为

$$W = W_{222}(\boldsymbol{H} \cdot \boldsymbol{\rho})^2 - (\boldsymbol{A}_{222} \cdot \boldsymbol{\rho})(\boldsymbol{H} \cdot \boldsymbol{\rho}) + \sum_j W_{222j}(\boldsymbol{\sigma}_j \cdot \boldsymbol{\rho})^2 \tag{4.8}$$

式(4.2)中的第四项可以拆分成三个子项

$$\sum_j W_{220j}[(\boldsymbol{H} - \boldsymbol{\sigma}_j) \cdot (\boldsymbol{H} - \boldsymbol{\sigma}_j)](\boldsymbol{\rho} - \boldsymbol{\rho}) = \sum_j W_{220j}(\boldsymbol{H} \cdot \boldsymbol{H})(\boldsymbol{\rho} \cdot \boldsymbol{\rho}) -$$

$$2\sum_j W_{220j}(\boldsymbol{\sigma}_j \cdot \boldsymbol{H})(\boldsymbol{\rho} \cdot \boldsymbol{\rho}) + \sum_j W_{220j}(\boldsymbol{\sigma}_j \cdot \boldsymbol{\sigma}_j)(\boldsymbol{\rho} \cdot \boldsymbol{\rho}) \tag{4.9}$$

令 $W_{220} = \sum_j W_{220j}$，$\boldsymbol{A}_{220} = 2\sum_j W_{220j} \cdot \boldsymbol{\sigma}_j$，$B_{220} = \sum_j W_{220j}(\boldsymbol{\sigma}_j \cdot \boldsymbol{\sigma}_j)$，则系统的场曲为

$$W = W_{220}(\boldsymbol{H} \cdot \boldsymbol{H})(\boldsymbol{\rho} \cdot \boldsymbol{\rho}) - (\boldsymbol{A}_{220} \cdot \boldsymbol{H})(\boldsymbol{\rho} \cdot \boldsymbol{\rho}) + B_{220}(\boldsymbol{\rho} \cdot \boldsymbol{\rho}) \tag{4.10}$$

与一般共轴系统不一样的是，偏心和倾斜光学系统除了要考虑像差的三阶项，还需要考虑一阶像差，例如表面倾斜角、像场为出瞳的偏心位移量：

$$\beta_{0i} = \beta_i + c_i \delta \upsilon_i = c_i \delta c_i \tag{4.11}$$

式中，β_i 为表面顶点的倾斜角，c_i 为曲率，δc_i 为偏心量。

像场的偏心位移量为

$$\delta q'_i = \delta q_i + y_i \Delta n_i \beta_{0i}/L \tag{4.12}$$

出瞳的偏心位移量为

$$\delta e'_i = \delta e_i - \bar{y}_i \Delta n_i \beta_{0i} / L \qquad (4.13)$$

y 和 $\bar{y}$ 分别为表面近轴光线边缘高度和主光线的高度，Δn_i 为表面两边折射率之差，L 为拉格朗日不变量。

矢量像差理论的目的并不是为了计算偏心和倾斜系统中某个像差的数值大小，而是为了给出每种像差的特点和变化规律，指导后续设计过程。

4.2　整流罩建模与像差特性分析

4.2.1　整流罩建模

在光学软件中，建立圆锥面和椭球面整流罩，并将整流罩分别做偏心和倾斜处理，整流罩后接理想透镜。偏心和倾斜系统分别如图 4.3 和图 4.4 所示。整流罩长径比均为 1.2，整流罩底部直径为 110 mm，整流罩材料为 MgF_2，厚度为 4 mm，孔径光阑直径为 30 mm，入射波长为 3 700～4 800 nm，理想透镜位于整流罩后 50 mm 处，焦距为 100 mm。偏心系统中整流罩向 $-y$ 轴移动 20 mm，倾斜系统中整流罩绕 y 轴逆时针旋转 $20°$。

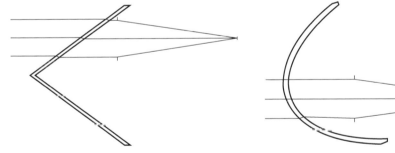

图 4.3　圆锥面偏心整流罩系统　　　　图 4.4　椭球面倾斜整流罩系统

4.2.2　偏心整流罩像差分析

研究泽尼克像差系数跟整流罩偏心量的关系，以此分析其像差特性。为了避免因视场对像差的影响，所有的分析均在零视场条件下进行。图 4.5 为泽尼克像差系数与偏心量的关系曲线。偏心量为整流罩向 $-y$ 轴移动的距离，单位为毫米。

根据泽尼克边缘多项式的前 16 项在出瞳处对波前像差拟合的结果可知，Z3、Z4、Z5、Z8 数值变化比较大，随偏心量的增加呈现先增大后减小的趋势，但偏心量达到 15 mm 之后，以上几项趋于平稳，Z9 和 Z16 项大小在整个变化过程中基本不

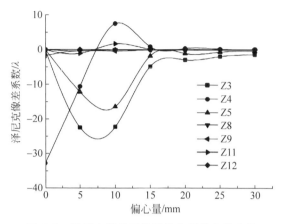

图 4.5　泽尼克像差系数随偏心量的变化曲线

变。即偏心造成系统的不对称性,使像面发生倾斜,同时引入了三阶像散和彗差。当偏心量超过一定值的时候,像面倾斜、三阶像散和彗差趋于稳定。其中球差与上述几种像差不同,其数值大小与偏心量无关。因此在系统后续透镜组的设计过程中要重点校正像面倾斜和三阶像散、彗差,其中以像面倾斜为主,像散和彗差次之。在设计偏心位置的时候,尽可能地将孔径光阑的边缘离开整流罩的轴线,这样能保证整个视场下的成像质量。

4.2.3　倾斜整流罩像差分析

同样利用泽尼克多项式波前拟合的方法,分析泽尼克像差系数与整流罩倾斜量的关系。图 4.6 为泽尼克像差系数与倾斜量的关系曲线。倾斜量为整流罩绕 y 轴逆时针旋转的角度。

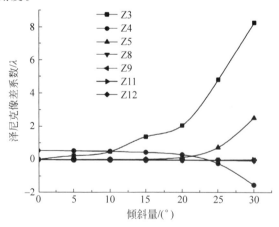

图 4.6　泽尼克像差系数随倾斜量的变化曲线

根据泽尼克边缘多项式的前 16 项在出瞳处对波前像差拟合的结果可知,Z3、Z5、Z8 数值均随着倾斜量的增加而增大,Z4 数值从正到负,Z9 和 Z16 大小不变。其中 Z3 增长的幅度较大,特别是 15°之后数值急剧上升。其他几项在 20°之前变化均比较平稳,20°之后变化较明显。即倾斜元件会使像面同样也发生倾斜,同时引入了三阶像散和彗差。像面倾斜在某个角度之后数值急剧增大,像散和彗差在倾斜角不大时变化平缓,其中球差则不同,其数值大小跟倾斜量无关。因此在系统后续透镜组的设计过程中要重点校正像面倾斜和三阶像散、彗差,其中像面倾斜为主,像散和彗差则次之。同时注意当某一元件倾斜角不大时,通过后续透镜组进行像差补偿即可,但当倾斜角很大时,需要通过将系统中的某个元件也做偏心或倾斜处理,以达到像差补偿的效果。

4.2.4　离轴舷窗像差分析

对于非对称的离轴光路系统,由于整流罩的偏心和倾斜,所引入的像差具有一定的方向性和空间性。汤普森(Thompson)理论指出,对于存在偏心和倾斜元件的离轴光路,将出瞳波面像差进行矢量形式展开,利用矢量像差理论进行分析[5]。

依据塞德尔三阶波像差的极坐标形式如图 4.7 所示。考虑偏心和倾斜元件对像差产生的影响,得到偏心或倾斜光学系统在第 i 个光学面上所产生的塞德尔三阶波像差多项式的矢量表示形式[1,3]:

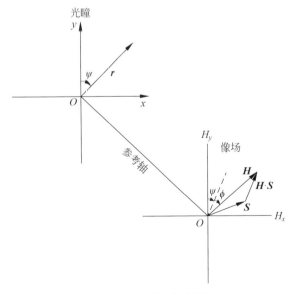

图 4.7　入瞳及场矢量

$$W_i = W_{040i}(r \cdot r)^2 + W_{131i}[(H - s_i) \cdot r](r \cdot r) +$$
$$W_{222i}[(H - s_i) \cdot r]^2 +$$
$$W_{220i}[(H - s_i) \cdot (H - s_i)](r \cdot r) +$$
$$W_{311i}[(H - s_i) \cdot (H - s_i)][(H - s_i) \cdot r] \tag{4.14}$$

式中,H 和 r 为未偏心倾斜时归一化的视场点及入瞳孔径点处的矢量形式;s_i 为像差矢量场 W_i 的中心相对于轴对称光路像差矢量场的中心偏移。因此,整个系统波像差的表达式为

$$W = \sum W_i \tag{4.15}$$

小西奥多·特纳(Theodore S. Turner)在以上理论的基础上,得到了关于离轴系统像差的结论[3]:光路中元件的偏心与倾斜对系统球差没有影响;在轴对称光路初级彗差完全得到校正的状态下,由于元件偏心或倾斜所引入的彗差在整个像面上的方向和大小恒定不变;在轴对称光路初级像散完全得到校正的状态下,由于元件偏心或倾斜所引入的像散与场点的高度呈线性关系,且有两个零点位置;在轴对称光路平均场曲得到校正的状态下,由于元件偏心或倾斜所引入的平均场曲的焦面为平面,且该平面可能相对于理想高斯像面存在位移或倾斜。矢量像差理论分析方法可以在原理上为自由复杂离轴光路设计过程提供理论指导,分析每种像差的特点和变化规律[6]。

接着分析火灾预警飞机的具体模型,为简单起见将机头看作椭球的一部分。按照如图 4.8 所示,长径比为 2 的椭球舷窗,及 85 mm 焦距,$F/2.0$ 的理想透镜,对舷窗以 $10°$ 为增量进行 $0° \sim 60°$ 旋转倾斜,并且距离理想透镜以 100 mm 为增量作 $100 \sim 500$ mm 偏心平移,在该过程中对出瞳波面进行泽尼克像差分析。

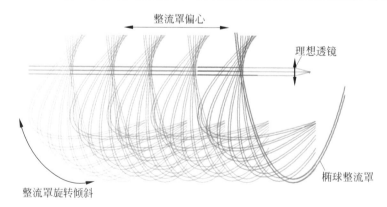

图 4.8　椭球舷窗的倾斜及偏心

同时考虑窗口玻璃的偏心及倾斜,如图 4.9 所示主要像差为三阶像散(Z5):对于同一偏心位置,随倾斜旋转角的增大,Z5 项数值下降趋势明显、变化幅度较

大,其他各项像差总体较小;对于同一倾斜角,不同偏心位置的像差变化总体趋势基本类似,且除 Z5 变化幅度随窗口远离光阑而逐渐变小外,其他各项像差值总体较小,且变化不明显。由此可知,同时存在偏心及倾斜舷窗的光学系统,所面临的主要像差为三阶像散(Z5),因此需要设计一种基本光学结构进行像差校正。

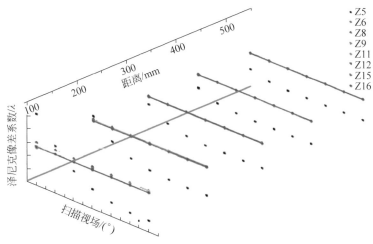

图 4.9　偏心及倾斜舷窗的泽尼克像差系数图

4.3　偏心倾斜光学系统设计方法

4.3.1　偏心整流罩光学系统设计

针对 4.2.2 节的像差特性分析,本节介绍一种偏心整流罩光学系统设计方法。采用的探测器像素为 320×240 的制冷型红外探测器,像元尺寸为 $25~\mu m\times25~\mu m$。整流罩选为圆锥面,长径比为 1.2,底面直径为 100 mm,厚度为 4 mm,偏心量为 20 mm。系统其余参数见表 4.1。根据 4.2 节讨论的像差特性,整流罩主要引入了像面倾斜、像散和彗差,因此先在光学系统中加入像差校正器校正主要像差,再优化系统结构校正剩余像差。

表 4.1　光学设计参数

参　　数	数　　值	参　　数	数　　值
波段范围	3 700～4 800 nm	像高	9 mm
焦距	72 mm	半视场角	3°
F	2.4		

系统由整流罩、像差校正器等 9 片透镜组成。整流罩偏离光轴 20 mm,作为像面倾斜量的补偿,像差校正器绕 y 轴做了一定角度的倾斜。整流罩和像差校正器材料用 MgF_2,其他透镜使用 Si 和 Ge。系统结构如图 4.10 所示,图中第一片透镜为整流罩,第二片透镜为像差校正器,其余皆为普通透镜。

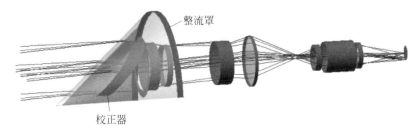

图 4.10　系统结构

结合 4.1 节讨论的矢量像差理论,当整流罩偏心,校正器倾斜后,像场也发生倾斜,不过两种情况下的倾斜方向相反,根据式(4.11)可求得零值点方向垂直于光轴。同时像差场和像场中心与光轴垂直的偏移,偏离矢量分别为σ_1 和σ_2,这两个矢量方向相反。彗差矢量合成后产生一个彗差零点,此点在两元件各自彗差场中心连线的中点。两个像散的零点值均位于连接两个像差场中心,并通过像场中心的连线上。校正器的倾斜和整流罩的偏心均能改变零值点在像场中的位置,但只要根据特定的关系(此处偏心取 −20 mm,作为像差补偿倾斜角取 26°),系统的彗差零值点及像散两个零值点的对称中心可位于像场中心。由于共轴系统像差平衡、球差、彗差、场曲均已校正,像散两零值点的对称中心可位于像场中心,$W_{222}=0$,$W_{131}=0$,$W_{220}=0$。σ_1 和 σ_2 这两个矢量大小不同、方向相反,于是根据式(4.5)彗差在整个视场内应为零,根据式(4.8)像散在整个视场内大小和方向恒定不变。

图 4.11 为各个视场下系统的 MTF 曲线。由图可知,系统在 20 lp/mm 达到 0.601,接近衍射极限的 0.631。图 4.12 为各视场下的点列图,在 2° 视场下的 RMS 直径仅为 10 μm,在一个像素范围以内。图 4.13 为各波长各视场下的垂轴像差曲线图,彗差和像散已校正到很小。从各图中可以得出,系统在整个谱段和视场内成像质量接近衍射极限,成像质量满足要求。

4.3.2　倾斜整流罩光学系统设计

针对 4.2.3 节的像差特性分析,本节介绍一种倾斜整流罩光学系统设计方法。采用探测器像素为 320×240 的制冷型红外探测器,像元尺寸为 25 $\mu m \times$ 25 μm。整流罩选为椭球形,长径比为 1,底面直径为 110 mm,厚度为 4 mm,倾斜量为 20°。系统其余参数见表 4.2,根据 4.3.1 节讨论的像差特性,整流罩主要引入了像面倾斜、像散和彗差,因此先在光学系统中加入像差校正器校正主要像差,再优化系统结构校正剩余像差。

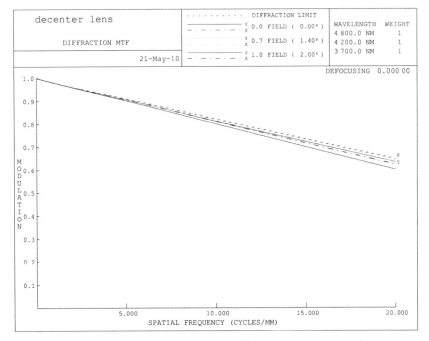

图 4.11　MTF 曲线图

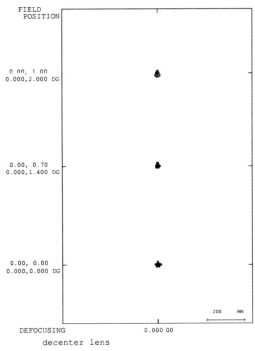

图 4.12　点列图

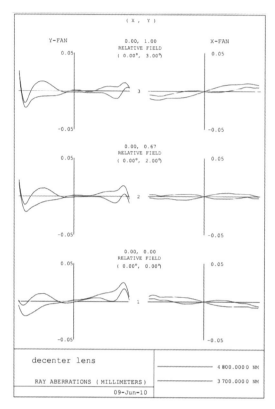

图 4.13　垂轴像差曲线

表 4.2　光学设计参数

参　数	数　值	参　数	数　值
波段范围	3 700~4 800 nm	像高	9 mm
焦距	120 mm	半视场角	2°
F	4		

系统由整流罩、像差校正器等 9 片透镜组成。整流罩绕 y 轴逆时针旋转 $20°$，作为像面倾斜量的补偿，像差校正器绕 y 轴做了一定角度的倾斜。系统结构如图 4.14 所示,图中第一片透镜为整流罩,第二片透镜为像差校正器,其余皆为普通透镜。

结合 4.1 节讨论的矢量像差理论,当整流罩和校正器均倾斜后,像场也发生倾斜,不过两种情况下的倾斜方向相反,根据式(4.11)可求得零值点方向垂直于光轴。同时像差场和像场中心与光轴垂直的偏移,偏离矢量分别为 σ_1 和 σ_2,这两个矢量方向相反。彗差矢量合成后产生一个彗差零点,此点在两元件各自彗差场中

146

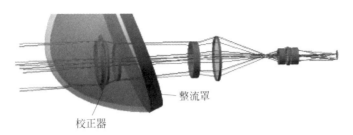

图 4.14　系统结构

心连线的中点。两个像散的零点值均位于连接两个像差场中心,并通过像场中心的连线上。校正器的倾斜和整流罩的偏心均能改变零值点在像场中的位置,但只要根据特定的关系(此处偏心取 -20 mm,作为像差补偿倾斜角取 $26°$),系统的彗差零值点及像散两个零值点的对称中心可位于像场中心。由于共轴系统像差平衡,球差、彗差、场曲均已校正,像散两零值点的对称中心可位于像场中心,$W_{222}=0$,$W_{131}=0$,$W_{220}=0$。$\boldsymbol{\sigma}_1$ 和 $\boldsymbol{\sigma}_2$ 这两个矢量大小不同、方向相反,根据式(4.5)彗差在整个视场内应为零,根据式(4.8)像散在整个视场内大小和方向恒定不变。

图 4.15 为各个视场下系统的 MTF 曲线。由图可知,系统在 20 lp/mm 达到

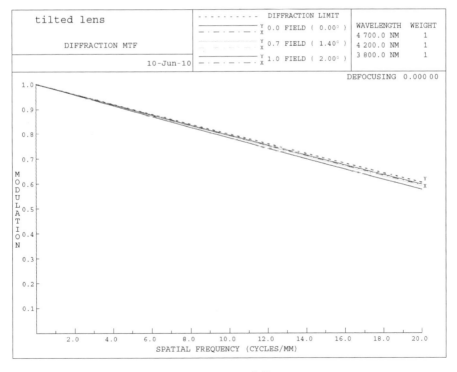

图 4.15　MTF 曲线图

0.595,接近衍射极限的 0.599。图 4.16 为各视场下的点列图,在 2°视场下的 RMS 直径仅为 7.5 μm,在一个像素范围以内。图 4.17 为各波长各视场下的垂轴像差曲线图,彗差和像散已校正得很好。从各图中可以得出,系统在整个谱段和视场内成像质量接近衍射极限,成像质量满足要求。

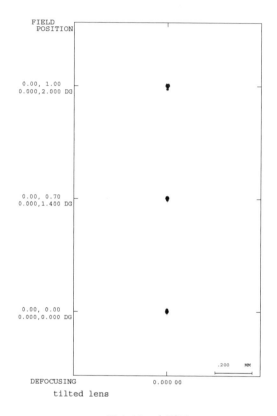

图 4.16　点列图

4.3.3　离轴舷窗像差校正

针对 4.2.4 节的像差特性分析,本节介绍一种椭球机头舷窗光学系统设计方法,对离轴舷窗像差进行校正。考虑各偏心位置下的像差变化趋势类似,取窗口距光阑 200 mm 的偏心位置,以 10°为增量,从 −30°到 −90°离轴视场的扫描情况,如图 4.18 所示。

由图 4.19 的特定偏心位置处泽尼克像差系数分析可知,整个扫描视场的主要像差为三阶像散。椭球面的像差特性除了其在表面之间的分布外,与传统球面系统极其相似。为了计算非球面的初级像差分布,可以把一个非球面分解为一个相

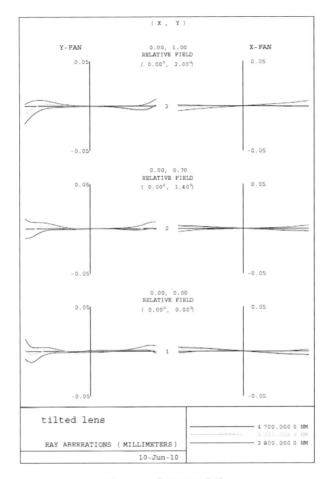

图 4.17 垂轴像差曲线

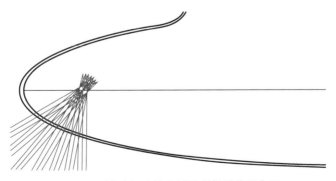

图 4.18 椭球机头舷窗以及理想透镜示意图

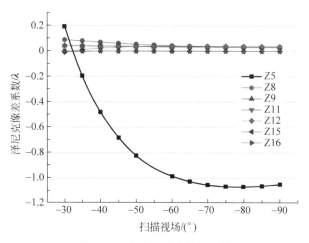

图 4.19　部分泽尼克像差系数

切球面和一个零中心厚度的薄板。相对于具有相同顶点曲率半径的球面,非球塞的赛德尔像差系数增量为

$$\Delta S_3 = (n - n') \frac{b}{r_0^3} h^4 = -\frac{(n' - n)e^2}{r_0^3} h^2 \cdot h_z^2 \tag{4.16}$$

式中,h 为近轴光线与非球面薄板的交点高度,h_z 为主光线与非球面薄板的交点高度,n 及 n' 分别为表面前、后材料的折射率,r_0 为基准面半径,e^2 为二次非球面的变形系数。

由于该增量正比于 $-e^2$,因此引入一个扁球面($e^2 < 0$)以补偿共形窗口产生的附加三阶像散。不同二次曲面引入的具有相反符号的附加三阶像差可以互相抵消,因此扁球透镜用合适的孔径在合适的位置,可以有效校正倾斜椭球窗口引入的大量附加视场像差。

通过优化扁球校正镜元件以校正如图 4.18 所示系统中椭球 MgF_2 舷窗所引入的像差。如图 4.20 所示为优化后获得的系统示意图,其后的理想透镜焦距为 85 mm,$F/2$。图 4.21 为引入扁球校正镜前后的泽尼克像差系数对比,可见三阶像散已经得到有效补偿。

图 4.20　椭球 MgF_2 舷窗及扁球校正镜

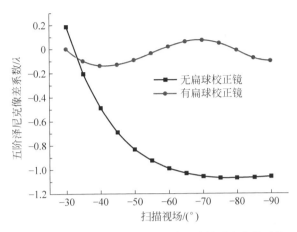

图 4.21　引入扁球校正镜前后的五阶泽尼克像差系数

4.4　机载摆镜扫描红外光学系统设计方法

4.4.1　机载红外成像系统介绍

传统机载红外成像系统通常以两种方式装载于飞机上：天底安装以及万向节安装。天底安装方式中，传感器直接安装于机腹底部垂直向下拍照，此时所获得的视场相对狭小。若将其安装于喷气式飞机或双发飞机上做快速巡逻，则可迅速对相对较大的目标事件区域进行成像，例如辅助监管人员获得火灾状态快照。万向节安装方式，亦即前视红外吊舱，成像设备安装在固定于机身的转塔上，可以指向几乎任意方位而且不会被机身挡住视野。该系统对于遥感监控、火灾前线测绘及扫尾等工作有重大实际意义。由于能够以不同视角观察同一物体，因此相对于天底安装方式更易于发现目标险情。然而前视红外吊舱通常安装于直升机以及慢速侦察机，极少数情况下会在固定翼飞机上安装。由于大部分民用飞机机身较低，若转塔突出于机腹下方，飞机起飞时从机场跑道飞起的石子等杂物极易击中并损坏前视红外吊舱。另外，突出的吊舱所增加的体积也增大了空气阻力，降低了航速[7]。

机载离轴红外共形光学成像系统的一个重要应用是野外火灾控制，已有接近 50 多年的历史，不仅局限于火灾发现，随着技术的发展现已广泛应用于探测、监视、指导灭火行动等。消防飞机可以长时间执行红外探测任务，现行系统能够以每小时覆盖几平方千米的速度进行火灾实时监控，在火灾控制工作中扮演着日益重要的角色[8]。

作者团队研究了一种新的红外机载系统,其成像系统装载于机身内部以避免碰撞损坏;相机前端安装有倾斜舱窗以保护玻璃,该窗口玻璃与机头形状一致,能够有效减少空气阻力、增加巡航速度,为火灾预警与扫尾工作提供了更大的视场[9]。另外,机载红外镜头也需要更简单的结构,以更低的成本进行批量化工业生产。

4.4.2　系统参数及设计方法

椭球 MgF_2 机载舱窗的中波红外成像系统焦距为 $85~mm$,$F/2.0$,具有 $60°$ 的离轴扫描全视场角,系统总体结构见图 4.22,具体参数见表 4.3。

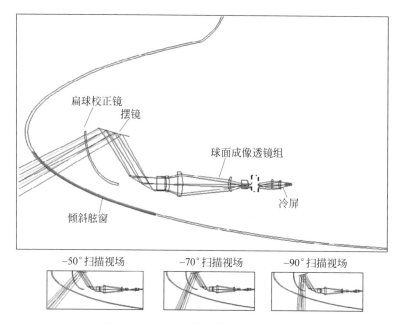

图 4.22　机载红外扫描系统总体结构

表 4.3　系统相关参数

参　　数	数　　值	参　　数	数　　值
波段范围	$3\,800\sim4\,600~nm$	扫描视场	$-30°\sim-90°$
F	2.0	瞬时视场	$\pm4°$
焦距	$85~mm$		

成像系统所处的飞机头部空间狭小,对体积要求较高,采用折叠反射镜及摆镜来压缩体积进行视场扫描。后端成像系统依然采用传统红外二次成像结构,具有 100% 冷光阑效率,同时减小垂轴体积。

4.4.3　系统像质评价

如图 4.23 所示为系统最终调制传递函数,在不同扫描视场下,各个瞬时视场的 MTF 均大于 0.3 lp/mm,其中 $-30°$、$-70°$、$-90°$ 扫描视场处,各个瞬时视场的 MTF 高于 0.4 lp/mm。可见对于火灾探测系统,采用扁球校正方式的系统成像质量良好。

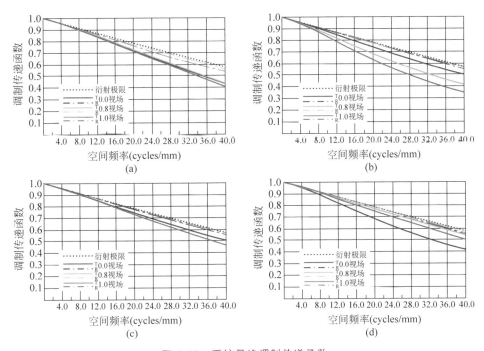

图 4.23　系统最终调制传递函数

(a) $-30°$ 扫描视场;(b) $-50°$ 扫描视场;(c) $-70°$ 扫描视场;(d) $-90°$ 扫描视场

4.5　机载转鼓式扫描红外光学系统设计方法

多边形反射转鼓是常用的推扫扫描元件,由于能获得较好的像质、扫描结构紧凑且高速平稳,被许多先进的光机扫描热像仪广泛采用。多边形反射镜通常被放置在系统入瞳或出瞳处,其每一个小面都是一块单独的扫描反射镜。扫描时,每一小面围绕整个多边形的旋转中心旋转推扫[10]。

4.5.1　系统参数及设计方法

采用反射转鼓设计一个扫描红外光学系统,适用于椭球 MgF_2 机载舷窗,中波红外成像镜头焦距为 172 mm, $F/4.0$ 以及 30°离轴扫描全视场角, 系统总体结构如图 4.24 所示, 具体参数见表 4.4。

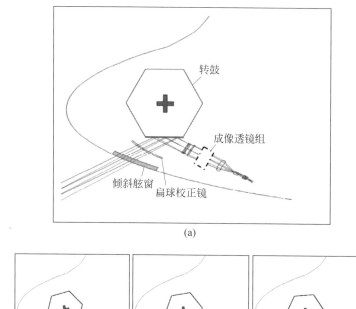

(a)

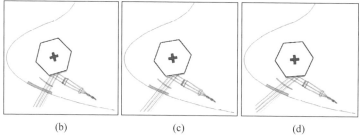

(b)　　　　　　　　(c)　　　　　　　　(d)

图 4.24　机载红外系统总体结构

(a) $-30°$扫描视场；(b) $-60°$扫描视场；(c) $-50°$扫描视场；(d) $-40°$扫描视场

表 4.4　系统相关参数

参　　数	数　　值	参　　数	数　　值
波段范围	3 800～4 600 nm	扫描视场	$-30°\sim-60°$
F	4.0	瞬时视场	$\pm2°$
焦距	172 mm		

采用反射式转鼓来压缩体积进行视场扫描, 后端成像系统依然采用传统红外二次成像结构, 具有 100% 冷光阑效率, 同时减小垂轴体积。成像系统各部分表面参数见表 4.5。

表 4.5　成像镜头表面参数

透镜	曲率半径/mm	厚度/mm	光学材料
透镜 1	194.73 271.11	3.47 0.17	Si
透镜 2	372.01 118.94	3.39 10.18	Ge
透镜 3	198.74 −1 049.49	4.01 102.32	Si
透镜 4	63.59 90.06	12.39 44.67	Si
透镜 5	−14.46 −21.22	14.23 18.28	Si
透镜 6	164.25 −428.70	2.74 3.38	Ge
透镜 7	16.18 17.20	5.49	Si

4.5.2　系统像质评价

如图 4.25 所示为各扫描视场下的垂轴像差,分析可知系统残存像差主要为彗差及少量像散,且不同扫描位置下像差变化较大,成为限制扫描视场继续增大的主要原因。如图 4.26 所示为系统最终 MTF 曲线,接近衍射极限,成像质量良好。

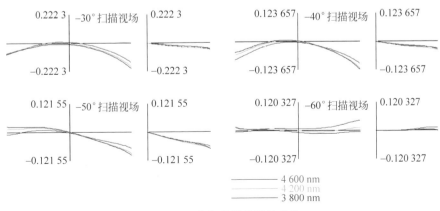

图 4.25　各扫描视场垂轴像差

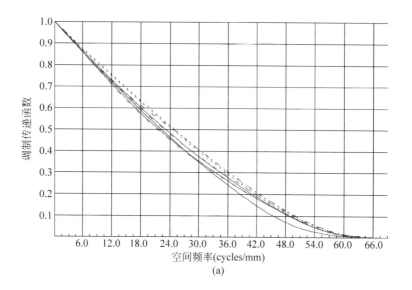

(a)

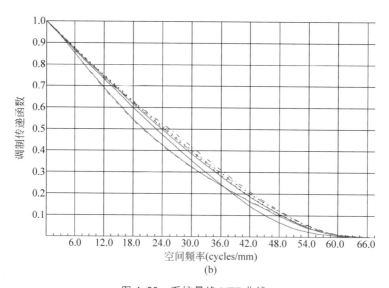

(b)

图 4.26　系统最终 MTF 曲线

（a）－30°扫描视场；（b）－40°扫描视场；（c）－50°扫描视场；（d）－60°扫描视场

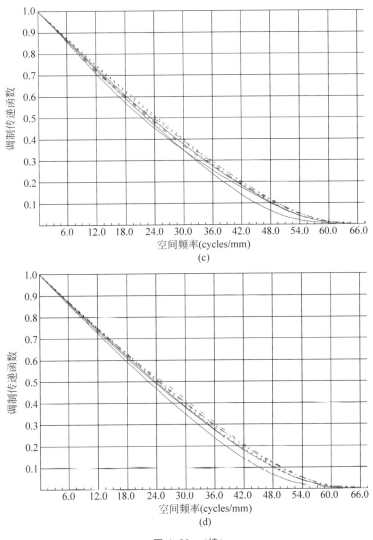

图 4.26　（续）

参考文献

［1］　杨新军,王肇圻,母国光,等. 偏心和倾斜光学系统的像差特性[J]. 光子学报,2005,34(11)：
1658-1662.

［2］　JOHN R R. Design techniques for system scontaining tilted components［C］. Berlin.
Germany：Proc. SPIE,1999,3737：394-409.

［3］　THEODORE S T. Vector aberration theory on a spreadsheet-analysis of tilted and decentered systems[C]. San Diego,CA,United States：Proc. SPIE,1992,1752：184-195.

[4] JOHN R R. Techniques and tools for obtaining symmetrical perfermance from tilted-component systems[J]. Opt. Eng. ,2000,39：1776-1787.

[5] THOMPSON K. Aberration fields in tilted and decentered optical systems[D]. Arizona：University of Arizona,1980.

[6] 佟静波,崔庆丰,薛常喜,等. 离轴双通道头盔显示器光学系统设计[J]. 光学学报,2010,30(9)：2662-2667.

[7] United States Department of Agriculture Forest Service-Engineering. Infrared Field Users'Guide and Vendor Listings：RSAC-1309-RPT1[EB/OL]. 2003-10.

[8] JAN J. Phoenix and Infrared Imagery Interpretation：Changes to Wildland Fire Incident Support Over the Past Five Years[EB/OL]. 2008.

[9] CHANG J,SONG D,WANG R,et al. Airborne infrared fire detection optical system with tilted porthole[J]. Optics Communications,2012,285(6)：937-940.

[10] ZHANG M. Applied optics[M]. Beijing：Publishing House of Electronics Industry,2008：476-477.

共形光学系统的动态像差校正

由于共形光学系统出色的空气动力学性能以及现阶段系统应用环境的复杂性,会引入不同的动态误差,本章基于有限元分析软件,模拟真实场景得出动态像差,再利用主动光学元件(动态校正器)对动态像差进行校正。

动态校正器主要由局部可动的非对称性共形校正器和平衡动态像差的像差发生器组成。动态校正器将奇次非球面、偶次非球面、泽尼克多项式表面等各种高次复杂非球面所构成的复杂光学表面应用于校正器中。

本章主要介绍两种主动光学元件:液晶空间光调制器(SLM)和变形镜。应用空间光调制器对动态热差进行校正,应用变形镜实现共形小凹光学系统对共形像差校正功能。

5.1　共形整流罩耦合场有限元分析数值计算

共形整流罩光学系统在超音速飞行时,位于光学系统前端的整流罩会受到空气黏性的作用,附面层会出现在其外补贴面层,导致各气流层之间的动能向热能转化,使共形整流罩表面产生巨大的热能,当热能过大时,会导致共形整流罩表面结构变形甚至破坏,影响后续光学系统成像质量乃至整个系统工作的稳定性。我们需要做的是应用热流固分析软件对共形整流罩进行热流固分析,评价物体由于高速运动所产生的形变量对光学系统像质的影响,并通过光学校正方法尽可能消除其影响。通过有限元分析方法求得光学系统在实际工作环境下像质变化流程如图 5.1 所示。

图 5.1　分析共形整流罩形变量影响流程

5.1.1　流固耦合有限元分析方法

流体力学计算出共形整流罩表面压强数值为流场稳定状态下的载荷值,因此共形整流罩耦合分析可以简化为静力学求解,将压强施加于有限元模型的外表单元面上,模型端面设定为固定约束,根据式(5.1)、式(5.2)列出的有限单元法计算共形整流罩单元节点位移$\{d\}$及应力$\{\sigma\}$[1]:

$$\{d\} = [K]^{-1}\{P\} \tag{5.1}$$

$$\{\sigma\} = [D][B]\{d\} \tag{5.2}$$

$$[K] = \iiint\limits_{V} [B][D][B]dV \tag{5.3}$$

$$[B] = [H][N] \tag{5.4}$$

式中,$[K]$为刚度矩阵,$\{P\}$为整流罩外表面压强值,$[D]$为弹性矩阵,$[B]$为几何矩阵,$[H]$为微分子矩阵,$[N]$为单元形函数。

5.1.2　热固耦合有限元分析方法

共形整流罩表面热力学计算主要有两个部分组成:一个是结构内的热传递计算,另一个是整流罩壁面的对流换热部分。

由于光机结构高速运动产生了大量的热,这部分热量通过共形整流罩实现传递,整个计算过程的控制方程可以由下式描述[2]:

$$(C)\{\dot{T}\} + (\lambda)\{T\} = \{Q\} \tag{5.5}$$

式中,$(C)\{\dot{T}\}$为热量沉积项,λ为导热系数,$\{Q\}$为整个系统热能。推导得出

$$\{\bar{Q}\} = \{Q\} + (C)\left(\frac{1}{\theta\Delta T}\{\dot{T}_n\} + (1-\theta)\{\dot{T}_n\}\right) \tag{5.6}$$

式(5.6)为实际计算时所采用的计算方法。可以通过B_i和F_o来确定时间的步长,其表达式如下:

$$B_i = \frac{h\Delta x}{\lambda} \tag{5.7}$$

$$F_o = \frac{\lambda\Delta t}{\rho c(\Delta x)^2} \tag{5.8}$$

代入式(5.9)继续进行计算:

$$\beta = F_o \cdot B_i = \frac{h \Delta t}{\rho c (\Delta x)^2} \tag{5.9}$$

式中，Δx 为单元厚度，h 为对流换热系数，λ 为热传导系数，ρ 为密度，c 为比热。

5.1.3　热流固耦合有限元分析方法

通过流固耦合以及热固耦合计算方法推得热流固耦合方程。基本能量方程为[1]

$$U^e = \frac{1}{2} \int_{V^e} \{\varepsilon\}_E^T [D] \{4\varepsilon\}_E \mathrm{d}V$$

$$= \frac{1}{2} \int_{V^e} (\{\varepsilon\} - \{\varepsilon\}_T)^T [D] (\{\varepsilon\} - \{\varepsilon\}_T) \mathrm{d}V \tag{5.10}$$

式中，U^e 为单元弹性能，$\{\varepsilon\}_E$ 为弹性应变矩阵，$\{\varepsilon\}$ 为总应变矩阵，$\{\varepsilon\}_T$ 为热应变矩阵，$[D]$ 为单元弹性矩阵。有限元方程可以通过下式推得：

$$\frac{\partial U}{\partial \{\delta\}} = 0 \tag{5.11}$$

式中，$\{\delta\}$ 为单元节点的位移值。最终解得的方程组可以简化为

$$[K]\{\delta\} = \{Q\}_T \tag{5.12}$$

式中，$[K]$ 为整个结构刚度的矩阵，$\{Q\}_T$ 为整个结构气动热载荷矩阵。可以推出热流固耦合计算的最终解算的方程为

$$[K]\{\delta\} = \{Q\}_T + [Q]_P \tag{5.13}$$

式中，$\{Q\}_P$ 为整个结构气动力的载荷矩阵。

5.2　共形整流罩有限元分析

为了校正由产生热形变而导致的不规则像差，首先，应该对共形整流罩进行有限元分析，确定形变量大小。使共形光学系统发生形变量的因素有很多，一般考虑的是热影响以及压力影响。然后将形变量转化为泽尼克像差系数并导入到光学系统软件中，通过光学方法对此不规则像差进行校正。

5.2.1　共形整流罩有限元分析流程

首先要通过有限元分析软件中的流体分析模块对共形整流罩进行流体分析，然后耦合到固体分析软件中对流体分析得到的结果进行形变量分析，流体分析模块对光学软件的分析流程如图 5.2 所示。

先通过 GAMBIT 软件对实体模型进行前处理网格划分，生成 2D 或 3D 网格

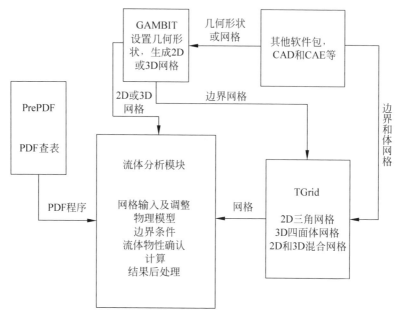

图 5.2　流体分析软件分析流程

并将网格文件输入到流体分析软件求解,并进行设定边界条件和物质的属性、调整网格、进行计算的前期设置工作,对系统内容进行求解,并对产生的结果进行处理,最终将处理好的结果通过图形的形式显示出来。

5.2.2　共形整流罩以及工作环境网格划分

进行工作环境模拟的系统实例采用长径比为 1 的共形整流罩,口径 $D = 200 \text{ mm}$,厚度为 5 mm,材料是热压 MgF_2。共形整流罩建模如图 5.3 所示。

在流体分析模块中对共形整流罩网格划分。此外,还需要对共形整流罩飞行环境中的流域进行网格划分。应用结构分析软件的一般默认网格进行计算往往会导致计算精度的降低甚至于不能完成计算,因此需要对网格划分进行人为控制,可以对单元的形状、中间节点的位置、单元大尺寸控制等人为控制。并且通过对划分的网格进行光顺处理以及按比例调整网格,并最终对网格划分的结果进行检查。通过控制后,共形整流罩的网格划分

图 5.3　共形整流罩建模

如图 5.4 所示,工作环境的网格划分如图 5.5 所示。

网格精细化划分后流体域的节点数有 81 945 个,将流体域分为 435 053 块。共形整流罩在流体域中的详细划分如图 5.6 所示。

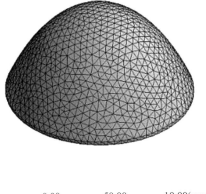

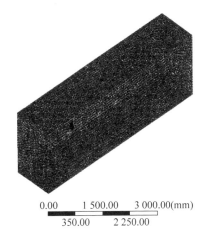

图 5.4　共形蓥流罩网格划分　　　图 5.5　共形整流罩工作环境网格划分

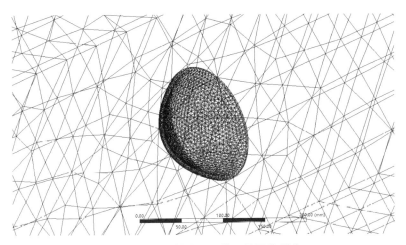

图 5.6　共形整流罩工作环境网格划分

对网格进行划分后,检查网格划分,检查的表格包括网格空间范围、体积信息、表面积信息、节点信息等,其中需要对网格划分重点检查的是网格单元的体积不能为负值,如果体积为负值的话,计算不能继续进行下去。共形整流罩以及所处的流体系统中划分信息如图 5.7 所示。

整个系统中,体积划分网格最小值为 5.58×10^{-9} m³,体积划分网格最大值为 3.5×10^{-5} m³,网格单元的体积没有负值,可以继续进行计算。

5.2.3　共形整流罩超音速飞行分析

共形整流罩进行前期的网格处理并检查后,将网格导入到流体分析软件计算

```
Mesh Check
  Domain Extents :
    x-coordinate: min (m) = -6.000 000e-01, max (m) = 6.000 000e-01
    y-coordinate: min (m) = -4.000 000e+00, max (m) = 6.000 000e+00
    z-coordinate: min (m) = -6.000 000e-01, max (m) = 6.000 000e-01
  Volume statistics:
    minimum volume (m3): 5.584 207e-09
    maximum volume (m3): 3.519 539e-05
      total volume (m3): 7.919 887e+00
  Face area statistics:
    minimum face area (m2): 3.462 510e-06
    maximum face area (m2): 2.318 542e-03
  Checking mesh......................................................
Done.
```

图 5.7　网格检查划分信息

器进行计算，计算之前，需要对系统的边界条件进行设置。系统流体分布如图 5.8 所示。

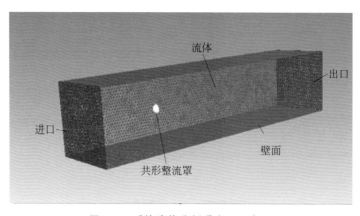

图 5.8　系统流体分析进出口示意图

　　通过流体分析软件对共形整流罩在实际运动中所受到的影响进行模拟分析。为了体现共形整流罩优越的空气动力学性能，将其飞行速度设定为 $3Ma$，飞行角度设为 $0°$。共形整流罩的周围环境假定为理想气体。一般来说，空气流场的密度变化可以忽略，属于不可压缩流，但是当飞行器的飞行马赫数高于 $0.3Ma$ 的时候，就必须考虑空气密度变化的影响，需要把流场作为可压缩流来处理。$3Ma$ 属于超音速流动，需要把流场当作可压缩流。当把流场当作可压缩流来处理的时候，入口给定的边界条件不能简单地给定速度进口边界条件。如果给定速度进口边界条件对可压缩流进行分析，会导致入口处的总温总压有一定的波动，而仿真过程采用固定的总温与总压原则。所以为了解决超音速条件下流体是可压缩流的问题，需要

给定入口边界上的质量流量。设置完成后对模型进行求解。共形整流罩在流体场
中以 $3Ma$ 的速度高速运动模拟如图 5.9 所示。

图 5.9　共形整流罩在流体场中的运动速度

共形整流罩在以超音速飞行的过程中,会受到气动力载荷的影响,共形整流罩
在空气中高速飞行过程中受到压力的影响,如图 5.10 所示。共形整流罩的前端是
压力最大的地方,并且在共形整流罩后端产生了负压情况。

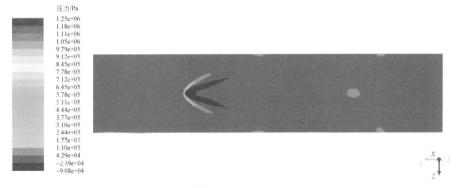

图 5.10　共形整流罩在流体场中运动压力

共形整流罩表面压力如图 5.11 所示。从图中可知,整流罩前端是压力最大值
点,达到了 1.25×10^6 Pa。压力分布曲线如图 5.12 所示,坐标零点是共形整流罩
前表面最顶端处,共形整流罩的压力最大值在坐标零点,是共形整流罩外表面尖端
处,随着位置的轴向改变,压力值逐渐减小。

共形整流罩在超音速 $3Ma$ 的飞行速度下不单受到压力载荷的作用,还受到热
载荷的影响。共形整流罩在流体场中的温度分布如图 5.13 所示,共形光学系统在
超音速飞行的过程中,整流罩前端的温度最大,达到了 828 K 的高温,如此高的温
度会对共形整流罩的面型产生影响,从而影响后续光学系统的成像质量。

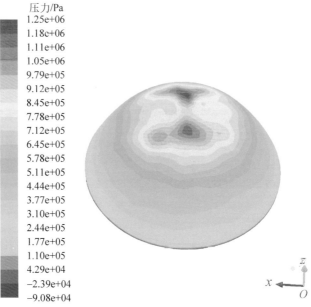

图 5.11　共形整流罩所受压力图

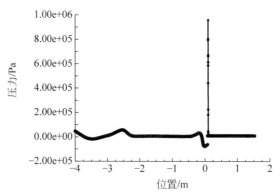

图 5.12　共形整流罩所受压力曲线

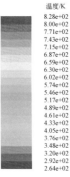

图 5.13　共形整流罩在流体场中运动温度图

共形整流罩的面型温度分布如图 5.14 所示,共形整流罩与空气接触的尖端的温度最高,随着半径的增大,表面上的点的温度随之减小,到了共形整流罩的边缘处温度最小。

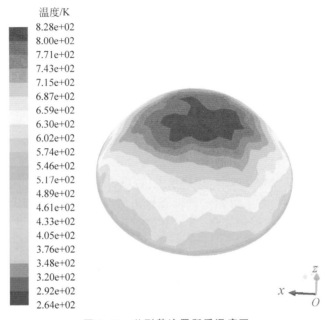

图 5.14　共形整流罩所受温度图

从图 5.15 的温度分布曲线可知,共形整流罩在超音速飞行场中的温度大小与压力曲线一致,坐标零点为共形整流罩外表面顶端处。共形整流罩的温度最大值也位于共形整流罩的外表面顶端处,随着坐标点的轴线变化,温度呈下降趋势。

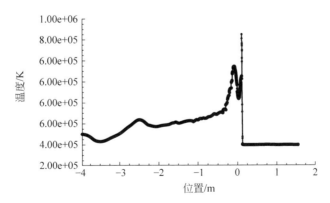

图 5.15　共形整流罩所受温度曲线

5.3 共形整流罩表面形变分析

5.3.1 共形整流罩表面热变形分析

通过流体分析软件对共形整流罩的飞行状态进行模拟,将其产生的热载荷导入结构分析软件中,进行耦合计算得出的形变量是面型变化量,再利用光学设计软件寻求光学方法对动态热像差进行校正。需要数值分析软件将面型形变量转换为表面泽尼克像差系数并代入到光学软件中进行像质影响评估,最后通过主动光学元件进行校正。

在此高温下,共形整流罩面型变化的形变量是随着时间变化而变化的,定义 T 时刻整流罩表面温度变化量收敛,达到最大值,得出形变量并且转化为泽尼克像差系数进行后续的求解。为了得到一种动态校正面型形变量的方法,再定义一个时刻,即 $t=0.2T$ 时刻,求解形变量,并对其进行校正,验证动态校正光学系统同像差的光学方法的可行性。在 553.17℃ 高温下不同时刻的形变量如图 5.16 所示,$t=0.2T$ 时刻,整流罩面型变化量最大值为 0.07 mm;$t=T$ 时刻,整流罩面形变化量最大值为 0.37 mm。

5.3.2 共形整流罩面型变化量泽尼克像差系数转换

通过结构分析软件进行计算后得到的面型形变量可以通过表格形式导出。表面一共是 11 821 个节点,每个节点的形变量都可以通过数值进行表示,通过式(5.14)核心算式来计算形变量所对应的泽尼克像差系数。

$$\begin{bmatrix} Z_{1,1}(\rho,\theta) & Z_{1,2}(\rho,\theta) & \cdots & Z_{1,37}(\rho,\theta) \\ Z_{2,1}(\rho,\theta) & Z_{2,2}(\rho,\theta) & \cdots & Z_{2,37}(\rho,\theta) \\ \vdots & \vdots & \cdots & \vdots \\ Z_{m,1}(\rho,\theta) & Z_{m,2}(\rho,\theta) & \cdots & Z_{m,37}(\rho,\theta) \end{bmatrix} \begin{bmatrix} C_1 \\ C_2 \\ \vdots \\ C_{37} \end{bmatrix} = \begin{bmatrix} \delta_1 \\ \delta_2 \\ \vdots \\ \delta_m \end{bmatrix} \tag{5.14}$$

式中,$Z(\rho,\theta)$ 是泽尼克多项式的极坐标表达式,不同的泽尼克多项式代表不同的像差。$(C_1,C_2,\cdots,C_{37})$ 是泽尼克多项式的系数,决定了对应泽尼克多项式所表示像差的大小,需要求解此组数据。而 $(\delta_1,\delta_2,\cdots,\delta_m)$ 是之前通过结构分析软件求得的点的位移。m 代表了拟合取值点的个数。在这个计算中,m 为 11 821。

通过计算后,光学表面泽尼克像差系数以及其所对应的像差见表 5.1。得出泽尼克像差系数之后,将其代入光学设计软件中,实现有限元分析软件以及光学设计软件的耦合。通过有限元分析软件对高速飞行的共形整流罩进行流体分析,并将光学系统在流体分析时产生的热载荷导入到结构分析软件当中,并通过热耦合

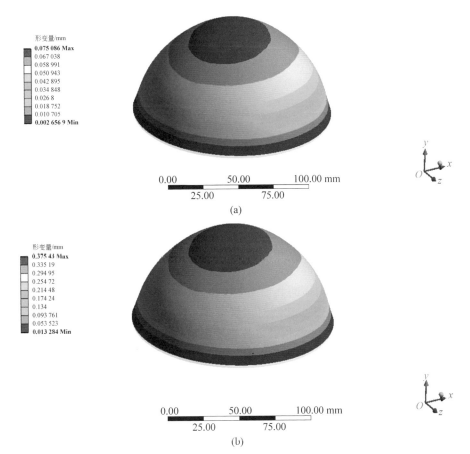

图 5.16　共形整流罩在不同时刻热形变量

(a) 0.2T 时刻形变量；(b) T 时刻形变量

计算热形变量，通过数值计算接口将共形整流罩表面随着时间变化而变化的热形变量通过泽尼克像差系数的形式进行表征，为后续的热像差的动态校正提供较为真实的输入条件。

表 5.1　不同时刻表面型变量值对应泽尼克像差系数

泽尼克阶数	不同时刻泽尼克像差系数		对应像差
	$t = 0.2T$	$t = T$	
1	−0.019 6	−0.031	平移
2	0.061 3	0.107	x 方向倾斜
3	0.015 7	0.050 5	y 方向倾斜

续表

泽尼克阶数	不同时刻泽尼克像差系数		对应像差
	$t=0.2T$	$t=T$	
4	$-0.036\,5$	$-0.076\,3$	离焦
5	$-0.051\,4$	$0.092\,4$	45°像散
6	$-0.031\,2$	-0.109	0°或90°像散
7	$0.058\,1$	-0.109	y 轴三级彗差
8	$0.015\,1$	$0.068\,1$	x 轴三级彗差

5.4　空间光调制器校正共形光学系统动态像差

为说明主动光学元件对形变量产生的动态像差的校正效果,本节介绍一种应用累斯莱棱镜对进行视场扫描的共形光学系统,设计使其各个视场成像质量良好,接近衍射极限。将 5.3 节形变量所对应的泽尼克像差系数载入设计的理想系统中,观察成像质量的变化。共形整流罩的热变形是随着时间的变化而变化的,应用传统的校正板或者衍射面难以对此动态热差进行校正,而空间光调制器可以通过 2π 调制来随时改变调制大小,非常适合校正这种随着时间变化而变化的像差。

5.4.1　累斯莱光楔对扫描动态像差校正系统

传统的红外反射扫描结构精确控制机构复杂并且占用了很大的空间,会减小应用共形整流罩所提升的空气动力学优势。而累斯莱棱镜对在垂直的平面绕着光轴进行旋转,可以保持后面光学系统不随视场的变化而随时进行扫描,系统的整体结构较为简单。

空间光调制器有其应用局限,目前它只能校正单一波长的像差。所以,在应用累斯莱光楔对对光学系统的视场进行扫描时,不需要考虑色散的影响,应用相同材料构成的光楔对即可在单波长下进行有效的视场扫描。

累斯莱光楔对视场扫描光学系统的共形整流罩长径比为 1,口径 $D=200$ mm,厚度为 5 mm,材料选用热压 MgF_2。扫描瞬时视场 $2\omega=4°$,最大扫描视场 $2\omega=60°$,焦距 $f'=80$ mm,有效通光孔径为 40 mm,F 为 2,波长为 4 000 nm。不同中心扫描视场的光学系统光路如图 5.17 所示。

通过旋转累斯莱光楔对视场进行扫描,在没有加入环境热影响的时候,光学系统各个视场的成像质量接近衍射极限,在 20 lp/mm 处的 MTF 均接近衍射极限,不同的视场光学系统成像 MTF 曲线如图 5.18 所示。

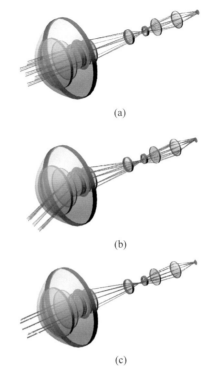

(a)

(b)

(c)

图 5.17　不同中心视场光学系统光路图

（a）$x=0°,y=30°$视场；（b）$x=0°,y=30°$视场；（c）$x=-15°,y=15°$视场

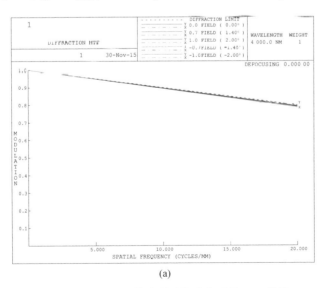

(a)

图 5.18　不同视场的光学系统成像质量 MTF 曲线

（a）中心视场 $x=0°,y=0°$；（b）视场 $x=0°,y=30°$；（c）视场 $x=-15°,y=15°$

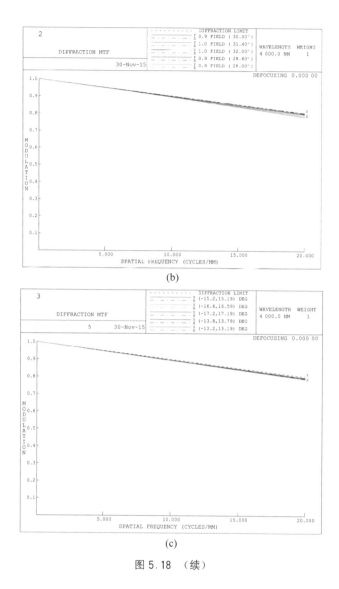

图 5.18 （续）

5.4.2 空间光调制器对动态热像差的校正

通过 5.3 节对共形光学系统前端共形整流罩进行热分析，得到了在 $t=0.2T$ 和 $t=T$ 时刻，共形整流罩由于高速运动产生大量的热而引发的热变形，并将热变形转换为共形整流罩表面泽尼克像差系数，将此泽尼克像差系数代入设计的共形光学系统中，$t=0.2T$ 和 $t=T$ 时刻，热形变量后光学系统的 MTF 曲线分别如图 5.19 和图 5.20 所示。

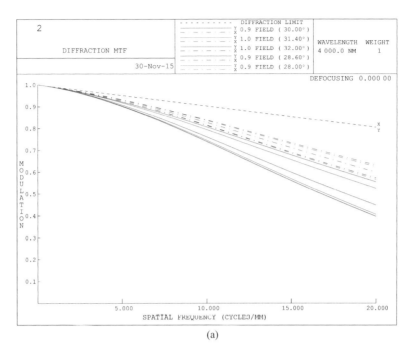

(a)

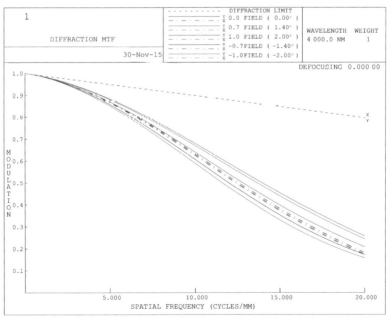

(b)

图 5.19　$t=0.2T$ 时光学系统不同视场成像质量 MTF 图

（a）中心视场 $x=0°$,$y=0°$；（b）视场 $x=0°$,$y=30°$；（c）视场 $x=-15°$,$y=15°$

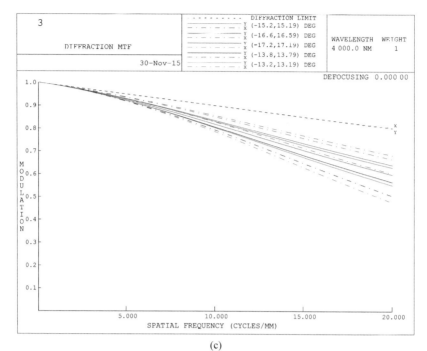

(c)

图 5.19 （续）

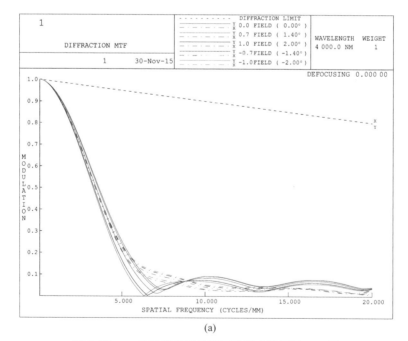

(a)

图 5.20 $t=T$ 时光学系统不同视场成像质量 MTF 图

（a）中心视场 $x=0°$，$y=0°$；（b）视场 $x=0°$，$y=30$；（c）视场 $x=-15°$，$y=15°$

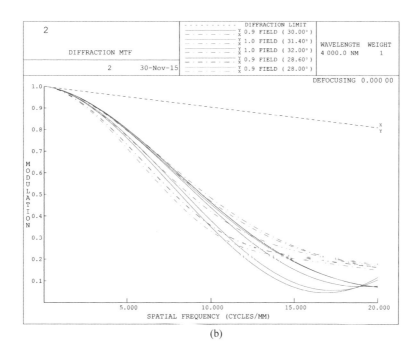

(b)

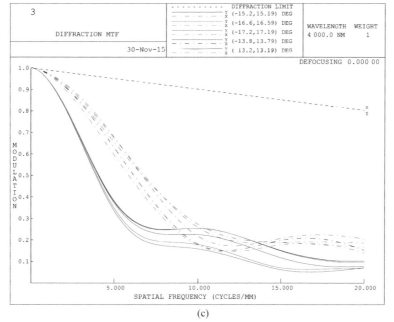

(c)

图 5.20　（续）

从图 5.19 和图 5.20 可知,热形变量对光学系统的成像质量会有较大影响。随着时间的变化,形变量对光学系统成像质量的影响程度也在变。随着时间的推移,形变量对光学系统成像质量的影响逐渐增加,并在共形整流罩热形变量收敛时达到最大值。

在成像光学系统中,SLM 一般被放置在系统的孔径光阑处用于消除系统像差。为了消除像差,需要引入一个与波前像差具有相同表面面型的光程差进行补偿。

SLM 能够引入的最大光程差,即相位行程决定了局部高分辨成像光学系统能够校正的最大像差。目前商业化的纯相位 SLM 的相位行程一般不大于 2π($\lambda =$ 632.8 nm 时)。如果系统的波前像差超过了相位行程,依然可以利用 modulo-λ 的方式进行校正,如图 5.21 所示,即当像差大于 λ 时,减去整数个 λ 的像差,使其位于相位行程内。这种方式有效增加了 SLM 的相位调制范围。

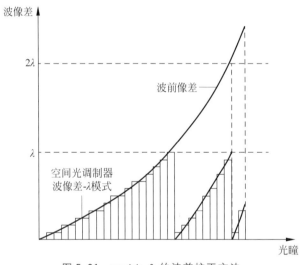

图 5.21   modulo-λ 的波前校正方法

SLM 的分辨率是影响局部高分辨成像系统成像质量的一个重要参数,SLM 像素化结构影响了校正后的残余像差(residual wavefront error,RWFE)。因此每个液晶像素产生一个整体相移,导致校正后仍有部分未校正像差,如图 5.22 所示。如果 SLM 的分辨率过低,则过大的 RWFE 会影响实际校正效果。

为了校正共形光学系统动态热像差,选用透射式空间光调制器对动态热像差进行校正,将空间光调制器放置在光学系统的入瞳面的调制效果要好于将空间光调制器放置在光学系统的出瞳面。SLM 在共形光学系统中的放置位置如图 5.23 所示。

向 SLM 载入不同的调制量,优化使系统的成像质量接近衍射极限。不同时

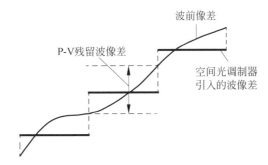

图 5.22　SLM 引入离散光程后导致的残余像差

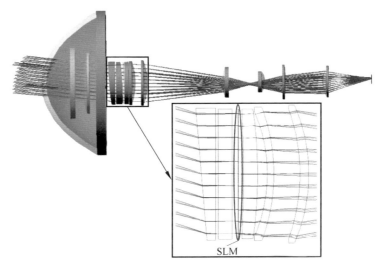

图 5.23　共形光学系统中 SLM 放置的位置

刻、不同视场的空间光调制器调制量如图 5.24 和图 5.25 所示。图中的横纵坐标代表 SLM 的调制口径为 40 mm,0～255 代表 SLM 像素单元相位调制大小,调制相位大小对应 0～2π。根据图 5.24 和图 5.25 还可看出,在相同时间、不同视场时,由于引入非对称不均匀像差,SLM 施加相位调制图不同;在不同时间、相同视场时,随着时间的增加,引入的热像差增大,SLM 施加的相位调制图调制量增大。计算校正不同时间、不同视场热像差所需要的 SLM 调制量并载入 SLM 中,便可实现实时动态热像差的校正。

　　SLM 载入调制量后光学系统成像 MTF 曲线如图 5.26 和图 5.27 所示。对比图 5.19 和图 5.20 与图 5.26 和图 5.27,经过 SLM 的动态校正,两个时刻、不同视场由热变形所引起的像差都得到了很好的校正,校正后系统成像的 MTF 接近衍射极限,成像质量良好。

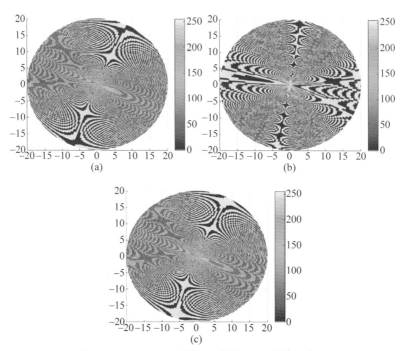

图 5.24　$t=0.2T$ 时刻不同视场 SLM 施加相位图
（a）视场 $x=0°$，$y=0°$；（b）视场 $x=0°$，$y=30°$；（c）视场 $x=-15°$，$y=15°$

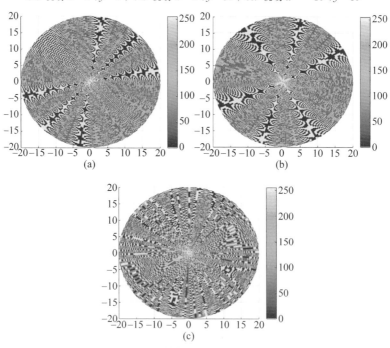

图 5.25　$t=T$ 时刻不同视场 SLM 施加相位图
（a）视场 $x=0°$，$y=0°$；（b）视场 $x=0°$，$y=30°$；（c）视场 $x=-15°$，$y=15°$

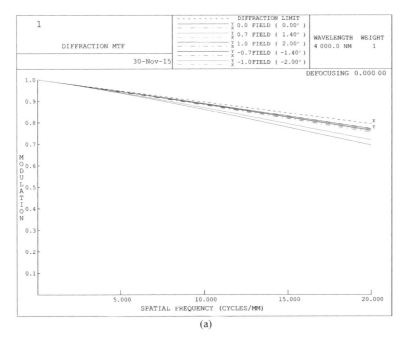

(a)

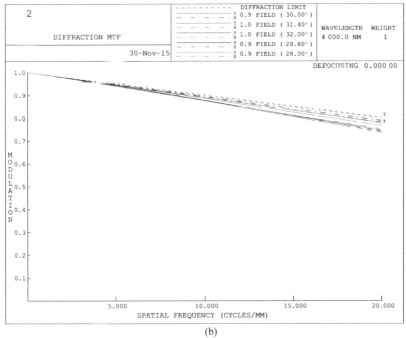

(b)

图 5.26　$t=0.2T$ 时光学系统不同视场成像质量 MTF 图

（a）中心视场 $x=0°$，$y=0°$；（b）视场 $x=0°$，$y=30°$；（c）视场 $x=-15°$，$y=15°$

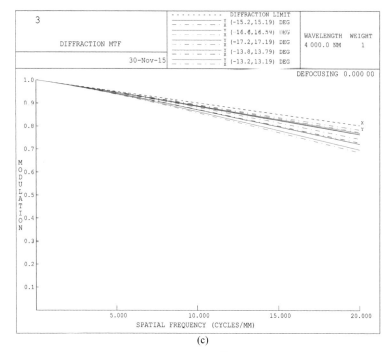

(c)

图 5.26 （续）

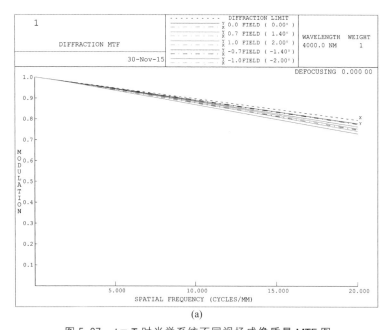

(a)

图 5.27 $t = T$ 时光学系统不同视场成像质量 MTF 图

（a）中心视场 $x = 0°, y = 0°$；（b）视场 $x = 0°, y = 30°$；（c）视场 $x = -15°, y = 15°$

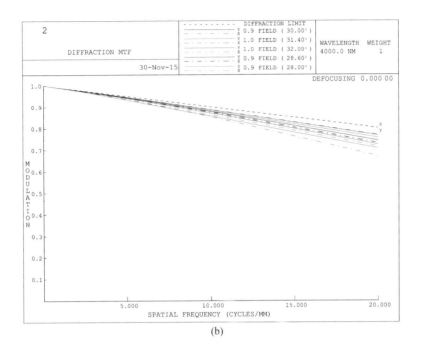

(b)

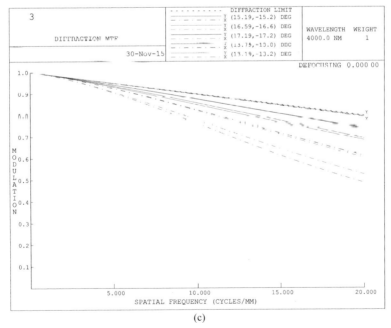

(c)

图 5.27 （续）

5.4.3 空间光调制器误差容差分析

仿真计算结果与实际结果有一定的误差,为了验证空间光调制器动态校正共形光学系统动态热像差的误差容差,给计算的形变量一定的误差范围,在初始值基础上赋予一定范围内的随机形变量,不同大小误差时泽尼克像差系数变化值见表 5.2,并使相应视场的空间光调制器调制相位不变,观察成像质量的变化。以 $t=0.2T$ 时刻的形变量为初始值。

表 5.2　不同大小误差时泽尼克像差系数变化值

阶数	0.2T 时刻	+1% 误差	−1% 误差	+5% 误差	−5% 误差
1	−0.019 6	−0.019 8	−0.019 4	−0.020 6	−0.018 7
2	0.061 3	0.062	0.060 7	0.064 4	0.058 3
3	0.015 7	0.015 8	0.015 5	0.016 4	0.014 9
4	−0.036 5	−0.036 8	−0.036 1	−0.038 3	−0.034 6
5	−0.051 4	−0.051 9	−0.050 9	−0.054	−0.048 8
6	−0.031 2	−0.031 5	−0.030 9	−0.032 7	−0.029 6
7	0.058 1	0.058 7	0.057 5	0.061	0.055 2
8	0.015 1	0.015 2	0.014 9	0.015 8	0.014 3
9	−0.022 3	−0.022 5	−0.022 1	−0.023 4	−0.021 2
10	0.022 6	0.022 9	0.022 4	0.023 8	0.021 5
11	0.028 3	0.028 6	0.028	0.029 7	0.026 9
12	−0.029 2	−0.029 5	−0.028 9	−0.030 7	−0.027 7
13	−0.018 2	−0.018 4	−0.018	−0.019 1	−0.017 3
14	0.023 4	0.023 6	0.023 1	0.024 5	0.022 2
15	0.006 3	0.006 3	0.006 2	0.006 6	0.006
16	−0.006 2	−0.006 3	−0.006 2	−0.006 5	−0.005 9
17	−0.003 5	−0.003 5	−0.003 5	−0.003 7	−0.003 3
18	−0.012 2	−0.012 3	−0.012 1	−0.012 8	−0.011 6
19	0.007 3	0.007 4	0.007 2	0.007 6	0.006 9
20	0.009 6	0.009 6	0.009 5	0.01	0.009 1

泽尼克像差系数一共 37 阶,选取 20 阶泽尼克像差系数对 $t=0.2T$ 时刻无热形变量以及 $t=0.2T$ 时刻有 ±1% 和 ±5% 误差时热形变量对应泽尼克像差系数进行表征。$t=0.2T$ 时刻空间光调制器有一个调制量对动态热像差进行调制,用此相同的调制量对给定误差后的泽尼克像差系数所表征的热像差进行动态校正。

在 0° 扫描视场和 30° 扫描视场时对载入不同误差系数校正后的 MTF 曲线如

图 5.28 所示,当实际形变量值与理论分析值有一定的误差时,空间光调制器依然可以将共形光学系统的成像质量调制到较为理想的状态。空间光调制器动态校正光学系统像差的误差容忍范围能达到±5%。

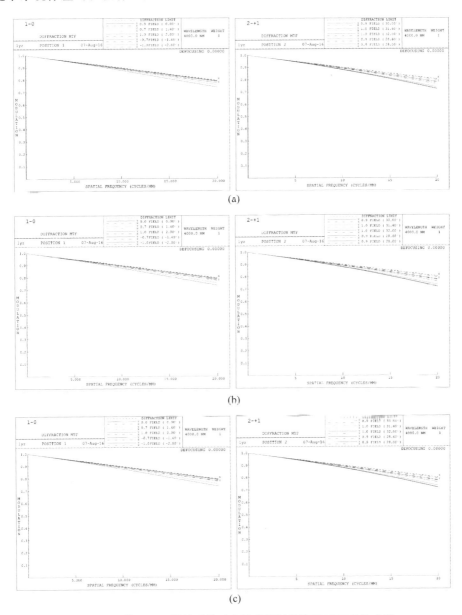

图 5.28　载入不同误差系数时空间光调制器校正 MTF 对比曲线

(a) 无误差形变量;(b) +1%误差;(c) −1%误差;(d) +5%误差;(e) −5%误差

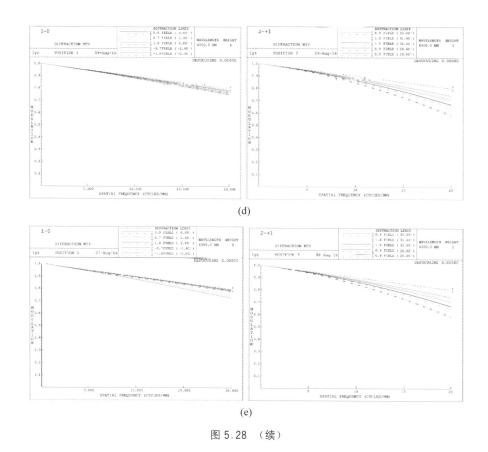

(d)

(e)

图 5.28　（续）

5.5　基于仿生小凹原理校正共形光学系统动态像差

　　小凹光学系统模拟了人眼小凹成像的特性,通过引入主动光学元件来简化光学系统对目标的细节实现局部高分辨率成像,从而系统成像数据量相对较少,方便传输,并使光学系统更加小巧、轻便,适用于远程遥控以及其他对图像数据处理和传输速度有较高要求的应用中。作为小凹光学系统的前端保护罩,引入共形整流罩提升系统空气动力学性能的同时,必然引入非轴对称轴外像差,对小凹光学系统的成像质量产生影响。传统的光学校正方法是加入非球面校正板对共形整流罩引入的非轴对称像差进行校正,系统较为复杂,并且难以实现小凹光学系统的动态局部高分辨的功能,利用主动光学元件校正非轴对称像差,同时实现共形小凹光学系统局部高分辨。

5.5.1　仿生小凹成像理论

人眼成像是人类获取外界信息的重要途径之一[3 4]，人眼的解剖结构[5]如图 5.29 所示。图中人眼所面向的前方为左侧，其成像过程可以描述为：首先，外界光束经过人眼最外侧的角膜，角膜呈弯曲状，具有屈光的作用；其次，被角膜屈光后的光线经过前房，前房中充满了透明的液体，即房水，折射率为 1.336 的房水对光线也产生折射作用；再次，经由角膜、前房后的光线，其口径受到虹膜中央区域的瞳孔限制，人眼瞳孔大小调节范围一般为 1.5～8 mm，只有口径在瞳孔内的光线可以通过瞳孔到达双凸的晶状体，晶状体是人眼中主要的成像组成部分；最后，光线再经过折射率为 1.336 的玻璃体成像于视网膜上。在人眼结构组成中，房水、晶状体和玻璃体是人眼视觉系统的成像单元，而视网膜则是视觉图像的接收单元，人眼视觉系统所获得的视觉信息经由视神经传递给大脑。

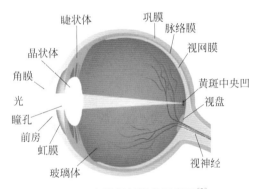

图 5.29　人眼解剖结构示意图[5]

视网膜作为人眼视觉系统的视觉信息接收单元，它的功能特点与其细胞的组成和分布具有密切的关系。视网膜上有两种感光细胞[5]，即视锥细胞和视杆细胞；两种细胞对不同的明、暗条件敏感程度不同，视锥细胞对明视或中等明视条件的光信息比较灵敏，而视杆细胞则对暗视条件的光信息比较灵敏。另外，两种细胞在视网膜上不是均匀分布的，视杆细胞分布于视网膜的外侧，越靠近视网膜的中心位置处，视杆细胞越少，而视锥细胞越多，视锥细胞越多使得人眼对视觉信息的感知越灵敏。视网膜上两种感光细胞感知的视觉信息，经由视网膜上的神经节细胞传递给大脑的神经中枢系统。由图 5.29 可以观察到视网膜上还有两个特殊的区域，即黄斑中央凹和视盘。其中，黄斑中央凹是视网膜中间部位黄斑区的一个小凹区，该区域分布了大量的视锥细胞，是视觉最为敏锐的区域；视盘是视网膜上视神经汇集的部分，该区域没有感光细胞，对接收的光信息没有感知作用，在该区域形成视觉盲点。

人眼视网膜的黄斑区可以进一步由外及内地被细分为周围凹、侧凹、中央凹和小凹,图 5.30 为人眼眼底黄斑区的示意图及相关分析。如图 5.30(a)所示,左侧标识出黄斑区各组成部分的分布情况及各部分的尺寸,右侧距离黄斑小凹中心约 3.5～5.5 mm 处为视神经汇集的视盘。图 5.30(b)为黄斑区的视锥细胞、视杆细胞和神经节细胞的分布情况,以小凹区域为中心,随着距离的增加,外围各区域中的视锥细胞呈指数下降,视杆细胞呈指数上升,而神经节细胞则先增加后下降。由此可见,中心的小凹是视锥细胞分布最为密集的区域,该区域是视觉最敏锐、分辨率最高、图像最为清晰的部位。图 5.30(c)为从小凹的中心至视盘的左侧边缘区域视网膜上的视觉灵敏度曲线,随着与小凹中心的距离增加,视网膜的视觉灵敏度逐渐降低,在视盘的左侧边缘处,视觉灵敏度曲线降至最低。图 5.30(d)为采用光学相干层析成像技术(optical coherence tomoghraphy,OCT)获取的视网膜上黄斑区的图像,由图可以看出中央凹区域向内侧的凹陷,在该凹陷区域无血管分布[6]。在中央凹无血管区[7-9]有利于视网膜上视觉细节信息的形成。

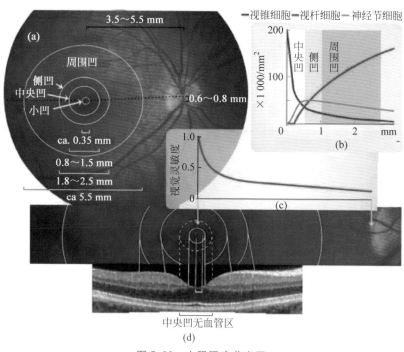

图 5.30   人眼眼底黄斑区

(a) 各组成部分；(b) 各部分的细胞分布；(c) 不同部分的视觉灵敏度；(d) 光学相干层析图

根据上述视网膜及黄斑区的各类细胞功能及各类细胞分布特点,外界场景通过人眼视觉系统成像后,在视网膜上所接收的图像将呈现不同的分辨率,即黄斑中央凹的小凹区域分辨率最高,以小凹为中心,由内及外,分辨率逐渐降低,视网膜的外侧区域与中央凹区域的分辨率将形成鲜明的对比。根据人眼视觉注意机制,在一个复杂场景中,人类总是会将视觉注意力快速地集中在某个感兴趣的区域,该区域经由人眼视觉系统成像于视网膜上的黄斑中央凹区,根据上述人眼的黄斑中央凹成像特点,将得到感兴趣区域的高分辨率图像,而人眼所能观察的全视野范围内景物则成像于视网膜外围的其他区域,得到相对较低分辨率的图像,成像效果如图 5.31 所示,图中红色圆框内区域为中央凹区域[10-11]。

图 5.31　小凹成像图像[12]

5.5.2　仿生小凹波像差理论

小凹波像差为薄透镜小凹孔径上边缘光路与下边缘光路的光程差。光程差是轴上点发出的光线通过光学系统后边缘与轴上光路之差。

图 5.32 显示了出瞳处的两个球面波前。其中,一个球面波是由进入入瞳的平面波前产生的,并会聚在近轴焦点上;另一个球面波前是由进入入瞳的轻微会聚波前产生的,并会聚在距离近轴焦点 δ 长度的像点。在出瞳外,两个球面波前都具有一定的矢高,两者矢高之差与两者边缘处的波像差相等。推导焦移 δ 与波像差 W 的关系式为[13]

$$W = \mathrm{Sag}_1 - \mathrm{Sag}_2 = \frac{r^2}{2}\frac{1}{R+\delta} - \frac{1}{R} = \frac{r^2}{2}\frac{-\delta}{R^2 + R\delta} \qquad (5.15)$$

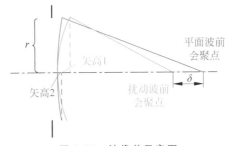

图 5.32　波像差示意图

因为 $R\delta \ll R^2$,

$$W = -\frac{1}{2}\left(\frac{r}{R}\right)^2\delta \tag{5.16}$$

当物体位于无穷远时,$R \to f$,$R/r \to 2F$,因此式(5.16)可以写成

$$W = -\frac{\delta}{8F^2} \tag{5.17}$$

小凹波像差被定义为薄透镜小凹孔径上边缘光路与下边缘光路的光程差,则可以写成

$$W = -\frac{\delta}{8F_{\text{上}}^2} - \left(-\frac{\delta}{8F_{\text{下}}^2}\right) = \frac{\delta}{8}\left(\frac{1}{F_{\text{下}}^2} - \frac{1}{F_{\text{上}}^2}\right) \tag{5.18}$$

5.5.3　变形镜实现小凹仿生动态像差的校正

变形镜作为一种波前校正器件,是随着自适应光学的发展逐步发展起来的一种新型主动光学器件。变形镜通过可控的驱动器驱动镜面发生特定的运动,改变表面面型来改变波前传输的光程,从而改变入射光波的相位结构,实现对波前像差的校正。变形镜的工程应用性很强,能解决光学系统受到动态随机干扰的问题,因而在国内外的大型天文观测设备等领域得到了广泛的应用。

利用小凹原理及波像差理论,在旋转对称非球面共形整流罩光学系统中使用变形镜对感兴趣的目标视场进行局部高分辨成像,同时校正相应视场由共形整流罩引入的非对称像差。在减小介质阻力、提高运动范围的同时,使光学系统更加简单、体积紧凑,局部成像质量更加好,减少了成像图像的数据传输量。

共形光学系统前端的共形整流罩长径比为 1,光学系统的焦距为 70 mm,F 为 2,光学系统的工作波段为 10~13 μm 长波红外。一般共形光学系统要加入校正板对共形光学系统像差进行校正。应用了变形镜对红外光学系统进行特定视场小凹成像后,通过改变变形镜的面型对特定感兴趣的视场的像差进行校正,实现小凹成像的效果。可以使光学系统的结构更加简便紧凑,并且减少数据传输量。如图 5.33 所示为在 0°视场以及 3.75°视场时的结构示意图。

不同目标视场的成像 MTF 曲线如图 5.34 所示,对感兴趣区域校正后的共形光学系统成像质量可以接近衍射极限。

应用主动光学元件变形镜可以灵活地选择感兴趣的目标视场进行目标探测,减少成像数据的传输量。现在的飞行器都不是单一执行任务,而是由多个飞行器组成的飞行组来共同执行任务。飞行器之间的信息联通变得越来越重要。减少成像图像的数据量将有助于提升联通效率,提高执行任务成功率。

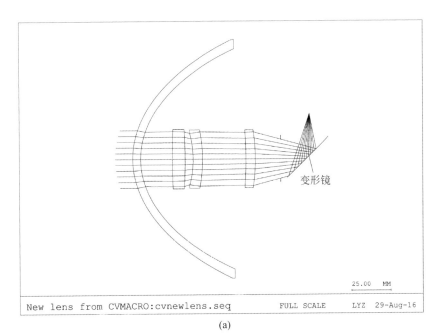

(a)

(b)

图 5.33　共形光学系统不同视场成像示意图

（a）0°视场；（b）3.75°视场

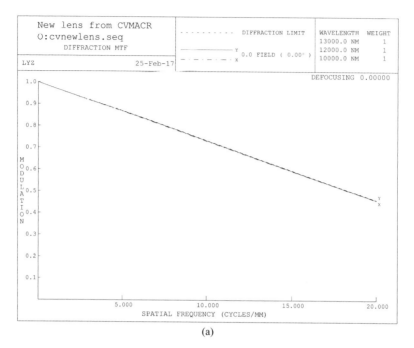

(a)

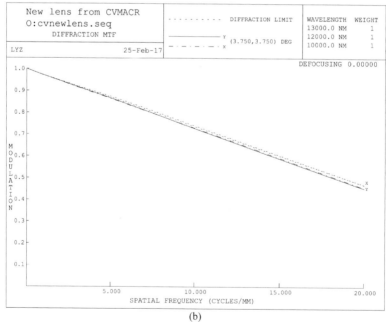

(b)

图 5.34　共形小凹光学系统不同视场成像 MTF 图
（a）0°视场；（b）3.75°视场

参考文献

［1］ 姜振海.超音速共形导引头整流罩热流固耦合［D］.长春：中国科学院研究生院（长春光学精密机械与物理研究所），2012.

［2］ 黄志澄.航天空气动力学［M］.北京：宇航出版社，1994：121-174.

［3］ 谢剑斌.视觉仿生学原理与应用［M］.北京：科学出版社，2013：1-2.

［4］ 寿天德.视觉信息处理的脑机制［M］.合肥：中国科学技术大学出版社，2010：25-33.

［5］ 张以谟.应用光学［M］.北京：电子工业出版社，2008：343-369.

［6］ BRINGMANN A，SYRBE S，GÖRNER K，et al. The primate fovea：structure，function and development ［J］. Progress in Retinal and Eye Research，2018，66：49-84.

［7］ CHUI T Y，ZHONG Z，SONG H，et al. Foveal avascular zone and its relationship to foveal pit shape［J］. Optometry and Vision Science，2012，89（5）：602-610.

［8］ DUBIS A M，HANSEN B R，COOPER R F，et al. Relationship between the foveal avascular zone and foveal pit morphology［J］. Investigative Opthalmology and Visual Science，2012，53（3）：1628-1636.

［9］ YANNI S E，WANG J，CHAN M，et al. Foveal avascular zone and foveal pit formation after preterm birth［J］. British Journal of Ophthalmology，2012，96（7）：961-966.

［10］ UNGERLEIDER S K G. Mechanisms of visual attention in the human cortex［J］. Annual Review of Neuroscience，2000，23（1）：315-341.

［11］ GOLD C. Visual attention and target detection in cluttered natural scenes［J］. Optical Engineering，2001，40（9）：1784-1793.

［12］ CURATU G. Analysis and design of wide-angle foveated optical systems［D］. Orlando：University of Central Florida，2009.

［13］ GEARY J M. Introduction to lens design：with practical ZEMAX examples ［M］. Richmond：Willmann-Bell，2002.

共形整流罩的加工与检测

6.1 共形整流罩的加工技术

6.1.1 共形整流罩加工概况

现阶段共形整流罩的加工工艺主要有三种：精密磨削技术、金刚石车削与精密抛光技术。

美国罗切斯特大学采用计算机控制研磨转速和深度等,实现了对材料的抛光加工,但对氧化铝抛光后,光学表面的峰谷值小于 1 pm,表面粗糙度达到了 10 nm[1]。罗切斯特大学光学制造中心采用确定性微研磨及磁流变抛光方法对非轴对称表面进行加工,该方法的核心元件为使用五轴机械的光栅。摩尔纳米技术系统(Moor Nanotechnology Systems)的 Nanotech 500 FG 自由曲面加工装置,可加工对精度要求极高的球面、共形面或自由曲面,此装置可综合运用确定性微研磨、金刚石单点车削、十字轴周边磨削、三轴光栅研磨、飞刀切削、平飞切削以及裁切等多种技术。

近年来,国内也开始研究共形整流罩的加工方案,国防科技大学完成的口径 120 mm,长径比 1:1.2 的共形整流罩,其面型精度误差 PV 为 0.032 mm,RMS 为 0.008 mm,能够满足使用精度的要求。

国内在弹载共形光学领域内的研究工作仍处于跟踪研究阶段。早期许多科研院所和高校开展了共形光学系统设计、热压氟化镁和 CVD 硫化锌共形整流罩毛坯制备和精密成型加工工艺研究工作。

目前,北京中材人工晶体研究院已掌握了高强度热压氟化镁共形整流罩毛坯的制备方法,如图 6.1 所示。复旦大学、国防科技大学等高校也已经掌握了基于热压氟化镁材料的高陡度共形整流罩精密车削成型工艺方法。

图 6.1　北京中材人工晶体所制备的热压氟化镁共形整流罩毛坯

6.1.2　共形整流罩加工过程

共形整流罩的加工过程首先是外表面处理,用金刚石球去除多余的材料,实际过程中,采用了革新铣床砂轮头来研磨,如图 6.2 所示,其参数是:主轴转速为15 000 r/min,工作轴转速为 20 r/min。研磨后,将检测的数字误差和表面质量应

图 6.2　共形整流罩加工过程

(a) 端面研磨；(b) 内表面研磨；(c) 内表面旋转；(d) 整流罩完成

用于下一道工序。外表面处理终止后,从夹具上取下,然后将其放置到处理内表面的夹具上,进行研磨,结束后进行测试,最后得到合格的共形整流罩[2]。

6.1.3 共形整流罩精密磨削

共形整流罩精密磨削技术是一种精密的数控研磨方法,应用特定的砂轮对共形光学表面进行微研磨,从而获得较高精度的表面,优势是能够缩短将毛坯加工成近似理想形状的时间,但主要的缺点是对机床精度要求比较高,且受磨轮磨损的影响比较大。因此,高精度的机床和能够实时检测的设备是今后精密磨削技术研究的趋势。

1. 红外材料的性能检测

共形整流罩可用的红外光学材料有氟化镁、氟化钙、氮氧化铝及纳米晶氧化铝等多种。材料因加工方式的不同,物理性质区别很大,首先需要了解材料的基本物理力学性质,同时需要确定材料的显微硬度、泊松比、弹性模量等参数,为后续试验及工艺参数的确定做准备[3]。

硬度和杨氏模量是材料机械性能的重要指标,且测量直观、方便。可采用纳米压痕试验进行测定,由于纳米压痕试验中,金刚石压头压入材料内部的深度很小,所以需要材料具有很高的表面质量。压痕试验前,首先将毛坯材料在抛光机上进行抛光,如图 6.3 所示,使材料表面满足显微压痕所需的表面粗糙度。

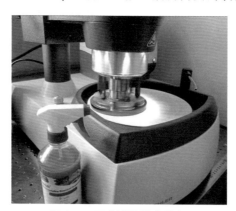

图 6.3　压痕试验抛光设备

氮氧化铝是一种具有高硬脆特性的材料,是一种超精密加工难度较高的陶瓷材料,需计算其断裂韧性和临界磨削深度,以避免在加工过程中产生脆性断裂,实现在塑性域内的超精密磨削加工。

2. 共形整流罩的超精密磨削过程中砂轮的设计

通常情况下,根据待加工表面结构形式以及材料的不同,采用的磨削方法也会有所区别,需要综合分析各种方法的优缺点,并结合机床设备自身的特点选取合适的磨削方法。目前,比较常用的有交叉磨削法、平行磨削法、倾斜磨削法、展成磨削法、球头砂轮磨削法和法向磨削法,如图 6.4 所示。

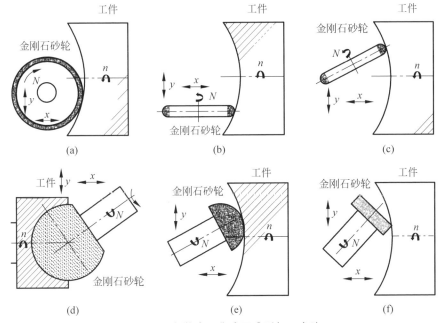

图 6.4　光学球面非球面成型加工方法

(a) 交叉磨削法;(b) 平行磨削法;(c) 倾斜磨削法;(d) 展成磨削法;(e) 球头砂轮磨削法;(f) 法向磨削法

交叉磨削法(cross grinding),如图 6.4(a)所示,又称为垂直磨削法,是一种常规的磨削方法,广泛应用于超精密加工大口径非球面透镜和模具等。砂轮安装在竖直工具轴上,与工件主轴呈 90°夹角,磨削时工件主轴在与砂轮主轴轴向垂直的平面内作插补运动,砂轮沿球面非球面轨迹曲线由工件外侧至中心运动实现磨削加工。

平行磨削法(parallel grinding),如图 6.4(b)所示,砂轮轴配置方法与垂直磨削法相同,不同的是,平行磨削时工件主轴在与砂轮主轴轴向平行的平面内作插补运动,砂轮沿球面非球面轨迹曲线由工件外侧至中心运动实现磨削加工。

交叉磨削法和平行磨削法安装和使用方便,刀具轨迹比较简单,只需要两轴联动。但是在加工凹面时对砂轮直径限制比较大,砂轮的直径须小于工件被加工点的最小曲率半径,且不适合较大陡度球面非球面的磨削加工。

倾斜磨削法如图 6.4(c)所示。采用倾斜轴磨削,需要对磨削主轴进行一定角度的旋转,可以扩展加工球面非球面的陡度范围,相比平行磨削法和交叉轴磨削法砂轮轴和工件之间的干涉在一定程度上得到了改善,但当凹球面深径比较大时,砂轮容易在凹球面底部与工件发生干涉。

展成法是指一个球体在任何位置的切面都是一个平面圆,反之任何一个平面圆都能与大于或等于它的直径的一个球体相惯,相惯线的长度等于平面圆的周长。展成磨削时,砂轮和工件的运动轨迹比较简单,在砂轮和工件自转的同时,工件沿着轴向进给即可,如图6.4(d)所示。展成法仅适用于加工球面,只需单轴进给运动即可实现磨削加工,但是展成法对安装精度要求较高,须保证砂轮轴和工件轴的交点位于球面工件的球心处,且球头砂轮磨损以后难以修整。

球头砂轮磨削法是利用砂轮球面按照非球面的运动轨迹与工件点接触进行磨削加工,如图6.4(e)所示。球头砂轮磨削的优势在于适合大陡度凹球面磨削,磨削过程中球头砂轮杆与工件回转轴呈一定角度深入凹球面内部,不仅能够有效避免砂轮杆与工件的干涉,而且能够实现与球头砂轮相对方向的整个半球面材料去除。此外,使用球头砂轮磨削时,整个球面的一部分参与磨削加工,能够使砂轮磨损均匀,提高砂轮的耐磨性。但是球头砂轮的精密修整非常困难。

砂轮法向磨削类似于球头砂轮磨削法,如图6.4(f)所示,只是法向磨削是点接触磨削,砂轮是圆柱直角结构形式,砂轮的轴线与工件轴线的夹角在磨削过程中是恒定的。磨削时要求安装砂轮轴的B轴也按一定的速率转动,使得砂轮轴线与工件轴线的夹角始终不变,以保证砂轮磨削点始终垂直于工件磨削点的法向。法向磨削法属于单点磨削加工,可以实现对工件的确定性精密去除,而且砂轮在磨损以后修整比较简单方便,但法向磨削法的不足在于工件与砂轮点接触磨削,砂轮磨损比较严重,需要定期对砂轮进行修整,适合小口径球面非球面的磨削加工。

对于结构尺寸大、材料硬度高,且内、外表面均为大陡度非球面的代加工工件,在选择加工方法时应该重点考虑两个方面:一方面磨削方法应有利于抑制砂轮磨损,保证大口径非球面磨削面型质量;另一方面应有利于实现大陡度凹球非球面磨削,避免发生干涉。球头砂轮磨削法适用于大陡度共形整流罩内表面磨削,如图6.5所示。而外表面磨削则可以选择交叉磨削法、平行磨削法(图6.6)或球头砂轮磨削法。倾斜磨削法相比交叉磨削法及平行磨削法增加了设备的复杂性,而采用球头砂轮磨削在可以使大陡度共形整流罩内、外表面在同一机床上完成,中间不需要对轴进行调整。因此大陡度内表面磨削选择采用球头砂轮磨削加工系统,

图6.5 球头砂轮磨削法加工系统　　图6.6 交叉磨削法、平行磨削法加工系统

而外表面磨削考虑交叉磨削法、平行磨削法和球头砂轮磨削法。

采用球头砂轮磨削大深径比的内表面要求砂轮的直径须小于工件被加工点的最小曲率半径,避免发生干涉。

采用球头砂轮磨削法磨削大陡度共形整流罩内表面前有一个基本问题需要考虑,即砂轮轴与工件回转轴夹角的选择。显然,为避免砂轮顶点参与磨削,倾角必须是一个大于零的值,而为了避免砂轮杆与工件外缘干涉,该倾角必须小于某一定值。砂轮轴倾角的选择会决定球头砂轮参与磨削的表面面积,直观上看,砂轮轴倾角越小,参与磨削的砂轮表面面积越大,则越有利于抑制砂轮磨损带来的面型误差。然而,砂轮倾角变小的同时,参与磨削的砂轮表面最小线速度也变小,有可能对磨削表面质量带来损失。

3. 红外材料超精密磨削工艺

氟化镁和氟化钙在磨削后得到了很好的表面质量,而氮氧化铝由于硬度和杨氏模量较大,磨削相对困难,磨削后表面出现较为明显的脆性去除特征,表面质量较差。

氮氧化铝的磨削工艺上,通过提高其磨削后表面质量,进一步改善共形整流罩的超精密磨削工艺。

垂直磨削法是采用圆弧形砂轮截面圆弧顶点区域圆弧段按成型数控轨迹对工件进行加工,此加工方法砂轮与工件的磨削接触点单一,砂轮磨损快,可能会导致磨削后工件的面型误差较大,但是磨削后工件的表面不受圆弧截面轮廓形状误差的影响。

平行磨削法是利用圆弧形砂轮圆弧截面上的磨削点逐个参与磨削,对工件进行成型磨削加工,加工过程中砂轮和工件的磨削接触点随着加工轨迹的移动在砂轮圆弧截面上移动,砂轮的磨削区域不断变化,进而减少了砂轮特定磨削区的磨损速度,然而圆弧形金刚石砂轮难以修整到理想圆弧,其圆弧轮廓误差直接影响加工后工件的形状精度。

两种磨削方式所形成的表面均存在粗糙和光滑两种区域。在相同的工艺参数下,平行磨削的表面质量要高于垂直磨削的。

对于氮氧化铝这种多晶材料来说,垂直磨削由于磨削接触弧长较大,磨削过程与工件相互作用强,容易造成多晶材料再加工过程中的晶粒脱落,平行磨削接触弧长较小,相对来说不易造成晶粒拔出脱落。因此,平行磨削光滑区域的表面质量不如垂直磨削的,存在较多较细的划痕,垂直磨削虽然也存在晶粒脱落、崩碎等脆性断裂现象,但是在光滑区域表面质量相对较好。

工件转速不同对磨削后工件表面影响较大,对于高陡度共形曲面结构,随着磨削从工件中心向边缘进给,工件表面晶向、材料去除率、未变形切屑厚度、砂轮-工件接触面积等因素具有随变特点,这必然对加工表面质量造成影响。当工件转速低的时候磨削点分布跟工件转速有很大关系,工件转速越小,磨削点分布越均匀。

6.1.4　磁流变抛光技术

对于一些硬脆材料,在精密研磨完成以后需进行抛光。目前常用的外表面抛光方法主要有磁流变抛光[4-5]和弹性磨轮抛光,如图6.7所示为磁流变抛光。磁流变抛光是利用含有磨料的磁流变液的流变效应在梯度磁场环境下形成柔性锻带,产生剪切应力来抛光。磁流变抛光技术最大的优点在于能够校正材料不均匀引起的误差,抛光精度是普通抛光精度的30倍。该技术是20世纪90年代初美国罗切斯特大学光学研究中心的科尔多瓦(W. I. Kordonski)、普罗霍罗夫(I. V. Prokhorov)及合作者发明的,并于90年代末将该项技术商业化。该方法可在短短几分钟内迅速使光学表面的面型精度收敛到1/20 A(PV值),表面粗糙度在1 nm左右。近年来国内对此项技术的研究也有了很多实质性的突破,对大口径的平面元件加工已基本成熟,但对于大口径非球面元件的磁流变加工报道则比较少且没有一个好的结果。目前成都精密光学工程研究中心[6]、南京理工大学[7]、西安工业大学[8]、中国科学院长春光学精密机械与物理研究所[9]、复旦大学[9]、电子科技大学[9]以及中国科技大学[9]等都有对磁流变液、控制装置以及磁流变抛光技术的研究。

内表面抛光复杂,目前研究较多的方法为射流抛光技术,是利用微细磨料与液体混合而成的高速射流,通过设计的喷嘴射向工件,依靠磨料的高速冲击和冲刷而实现材料去除的方法,对边角和内部抛光具有优势。如图6.8所示为射流磁流变抛光技术。

图6.7　磁流变外表面抛光

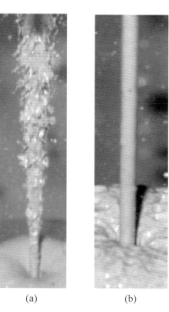

(a)　　　　　(b)

图6.8　射流磁流变内表面抛光

(a) 无磁铁;(b) 有磁铁

6.2　传统非球面检测技术

传统的非球面检测技术按照是否与待测非球面接触可分为接触式和非接触式检测两类,非接触式检测大致又可分为阴影法、激光扫描法以及干涉测量法三种。

6.2.1　轮廓测量法

接触式检测主要是使用轮廓仪、三坐标测量仪等仪器直接检测待测非球面得出其几何形状并分析其面型参数。由于光学元件的面型精度要求很高,因此主要用于机械加工的计量型三坐标测量仪已无法满足光学元件的面型精度要求,需要使用超精密的三坐标测量仪。多数情况下均采用表面轮廓仪来测量光学非球面的面型[10]。这些仪器需要达到以下几个要求[11]:

(1) 具有多轴精密定位系统,由线性电机驱动并用激光干涉仪或光栅尺给出位置反馈信号;

(2) 运动导轨应具有很好的刚性;

(3) 要有非常稳定的基座,一般用环氧花岗岩做基座;

(4) 对环境的温度和湿度有严格的要求,需要隔离周围的震动。

轮廓仪结构如图 6.9 所示[12],待测非球面光学元件由夹具固定于可调三维平台上,金刚石探针垂直固定于传感器上,伺服驱动装置驱动传感器及金刚石探针在 x 轴方向移动,探针以适当的力量接触并扫描待测非球面元件,得出待测元件沿 x 轴方向均匀分布的 x、y 轴坐标值,并拟合出实测面型曲线。然后在非球面测量软件中输入非球面方程的所有设计参数得到理想的非球面面型曲线,再将实测所得的面型曲线与理想面型曲线相比较,即可得到相应的误差曲线,然后通过软件对误差曲线及相关误差数据进行分析,即可判断非球面的面型是否在容许公差以内,即是否合格。

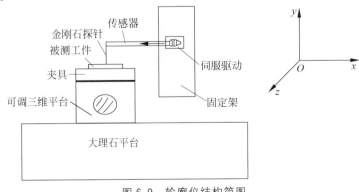

图 6.9　轮廓仪结构简图

对于高陡度的非球面比如共形光学元件来说,由于其内表面过深,如果一次性测量整个面型,首先轮廓仪的探针头无法深入或者只能勉强深入,其次移动探针头也非常困难,同时也极易损害非球面的表面,因此,对于高陡度的非球面面型检测,如果采用轮廓测量法,需要采用分段检测的方法。如图 6.10 所示[13],将一高陡度待测非球面光学元件分为三段,AB、CD 和 EF,测量运动方向为 x 方向,传感器测量方向为 z 方向,x、y、z 方向满足右手规则。首先在测量位置(1)下测量 CD 段轮廓;之后将元件绕 y 轴旋转一定的角度到状态(2),同时将测量系统沿 x 轴方向平移,将传感器沿 z 轴方向平移到合适的量程内,测量 AB 段;最后通过类似的旋转与平移运动,在状态(3)下测量 EF 段,其重叠区域分别为 BC 和 DE。虽然在测量过程中存在着名义旋转运动和平移运动以及各种误差运动,但是重叠区域元件本身的面型是保持不变的,据此即可以通过相应的拼接算法将分段轮廓拼接出来,重构出待测元件的面型轮廓。当然也可以将待测元件分为更多分段轮廓,但原理都是相同的。

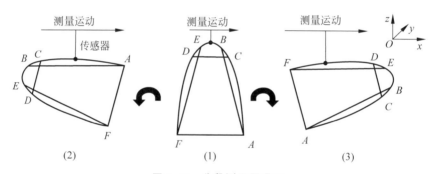

图 6.10　分段测量原理图

采用轮廓测量法,其误差主要由以下几个因素决定[14-15]:

(1) 探针尖端测头半径的大小,测头半径越小,测量精度越高;

(2) 坐标系不重合误差:当测量坐标系与待测元件坐标系不重合时,实际测得的数据则不仅包含了待测非球面面型信息,同时还包含了坐标轴旋转的方向误差和坐标原点偏离的定位误差;

(3) 此外还受温度、湿度、气压等环境影响以及其他各种因素所带来的系统偶然误差。

接触式检测方法发展较早,测量精度较高、量程大、测量结果稳定可靠、重复性好,但是这类方法有些不可避免的缺点[16]:①测头与待测元件接触会造成测头的变形和磨损,使得仪器使用一段时间后测量精度会下降;②测头为了保证耐磨性和刚性不能做得非常细小尖锐,但测头头部曲率半径大于待测面的微观凹坑的半径,则会造成该处测量数据的偏差;③为使测头不至于很快磨损,测头的硬度一般都很高,而这容易损坏元件的表面,故而不适于精密零件及软质元件表面的测量。因此,这类方法多用于加工现场的实时检测,多是在共形光学窗口的加工流程中用于检测面型是否符合理想设计面型,以及确保加工表面的精度、粗糙度等是否符合系统要求。

6.2.2　激光扫描法

激光扫描法[17-19]是一种使用细激光束对非球面进行逐点测量进而拟合出待测非球面面型的方法。它是一种几何方法,通用性强,可以测量各种类型的凹凸非球面,且可对待测非球面进行绝对测量,精度高;缺点是相应的数据处理比较复杂,测量效率偏低,对测量装置的调校要求高。激光扫描的方式有平移法、旋转法以及平移旋转法。

平移法是激光扫描测量的基础,其测量原理[17]如图 6.11(a)所示,测量时,首先令窄细的激光束通过待测元件的光轴 OC(C 为顶点曲率中心),此时光线入射角为 0;然后沿 x 方向移动被测件或激光束,设移动距离为 x,此时光线入射角为 θ,反射光与入射光的夹角为 2θ。由几何原理可知

$$y = -\int \tan\theta \mathrm{d}x \tag{6.1}$$

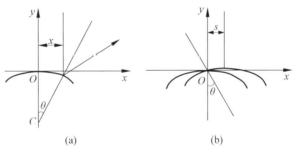

图 6.11　激光扫描测量原理图

(a) 平移法;(b) 平移旋转法

只要测出 x 和 θ,即可计算出 y,就能拟合出待测元件的面型。平移旋转法主要就是应用于特殊面型的检测,其测量原理[17]如图 6.11(b)所示。测量时,先将待测元件顶点调整到测角仪转轴 O 上,使激光束通过其光轴,然后按一定步长转动 θ;再移动安装在一维读数工作台上的激光器(即平移激光束),直至光线通过非球面某一点法线沿原路返回为止,移动距离为 s。用解析几何和积分原理即可推导出非球面上的点坐标与 θ 和 s 之间的关系:

$$\begin{cases} x_i = s_i \cos\theta_i + \sin\theta_i \int s_i \mathrm{d}\theta \\ y_i = -s_i \sin\theta_i + \cos\theta_i \int s_i \mathrm{d}\theta \end{cases} \tag{6.2}$$

在测量中,只要用测角仪和位移计测出 θ_i 和 s_i,即可由式(6.2)计算出 x 和 y,进而拟合出待测元件面型并求出面型误差。

如图 6.12 所示为根据平移旋转法测量原理制成实验装置的示意图[17],实验装置采用功率约为 1 mW 的小型氦氖(HeNe)激光器作为光源,激光波长 $\lambda=0.632\,8\ \mu m$。也可采用大型工具显微镜工作台的纵向导轨作为实验工作台,微动机构采用最小刻度为 0.02 mm 的导轨,可采用测角仪的旋转台代替,其最小分度值为 $30''$。

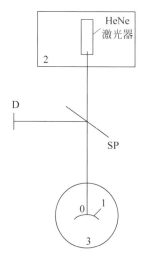

1—待测非球面元件;2——维读数工作台;3—旋转工作台。

图 6.12　平移旋转法测试实验装置示意图

测量时,首先将待测非球面元件的顶点调至转轴 O 上,调整一维工作台 2 使激光束对准转轴,然后按所需步长转动角度 θ_i,再移动导轨上的激光器,采用二象限光电接收器 D(光电池)定位,使激光束重新对准待测非球面的法线,记下导轨移动距离 s。依次逐点测量,可得测量数据 θ_i 和 s_i,由式(6.2)即可求出待测非球面面型坐标 (x_i,y_i),进而拟合出待测非球面的面型。

激光扫描测量法的误差来源[17]主要是以下几项:

(1) 被测元件顶点与测角仪旋转轴中心不重合引起的转角误差;

(2) 一维导轨的位移方向与光线不垂直引起的位移测量误差;

(3) 二象限平面内光束中心定位不准引起的位移测量误差;

(4) 测量位移和转角时的读数误差;

(5) 测角仪和导轨位移计的制造误差;

(6) 激光束随时间的漂移误差。

其中前两项误差为平移旋转法的主要误差。

6.2.3　阴影法

阴影法是一种建立在几何光学基础上的半定量检验方法,包括刀口法、光阑法以及小孔法等,其中刀口法发展最早。刀口法[20-21]是基于观测会聚同心球面波的波面完整程度来实现高灵敏度测量的,待测光学元件面型的缺陷会引起波面的畸变,根据刀口切割阴影图的轮廓和亮度变化,可以灵敏地判断出待测光学元件的不完善程度和部位,这一方法常用于检测凹球面、平面以及非球面的面型偏差,特别适合大口径光学面抛修的工艺检验,是一种灵敏度较高的检验方法。

对于理想的会聚球面波,由刀口相对光束会聚点的轴向位置、刀口横向切入与阴影图变化的分析,可得判别准则[20]:阴影移动与刀口切入方向相同,刀口位于光束会聚点之前;阴影移动与刀口切入方向相反,刀口位于光束会聚点之后;阴影图呈均匀的半暗状态,刀口刚好切至光束会聚点处。

若待测面存在局部偏差和带区误差,则对应波面的波面差分析与参考波面的选取有关。此时,待测非球面存在的局部偏差[21]很容易从阴影图中发现:当刀口刚好切至波面会聚点时,则在半暗背景中出现局部偏差的轮廓 M,若 M 中的阴影移动方向与刀口切入方向相同,则 M 较波面其他部分是凸起的;反之,则轮廓 M 较波面其他部分是凹下的。

如待测面的面型存在带区误差,为使阴影图反映的波面形状与实际波面最接近,即能将各环带的波面差都反映过来,在刀口切至光轴的同时,应仔细地轴向移动刀口,直至呈现出最复杂的阴影图为止。

若以此时的刀口位置为球心,作两个同心球面,把实际波面包络其中,则该两同心球面间距必然较刀口位于其他位置时所作包络球面间距都要小。该位置是波面差 ΔW 最小的位置,称为最佳会聚点,以此点为球心的参考波面称为最接近波面,如图 6.13 所示。由刀口所在最佳会聚点处拦得的阴影图,可检测实际波面的相对起伏分布,并由此给出待测面的面型偏差。

由阴影图判断待测面缺陷时,可以假想与刀口切割方向相反的一束斜射的阳光照在起伏的环形山脉上,阴影图中的亮带区即迎着阳光的阳面,暗带区即背面,从而可以很容易地发现面型凹凸、塌边或翘边等各种缺陷。

阴影法结合无像差点法或零位补偿法即可以用于检测非球面的面型偏差,其检验波面差的灵敏度与光源大小以及光源选择(狭缝光源或星孔光源)有关。在选择合适的情况下,阴影法检测非球面的灵敏度可达几十分之一波长的数量级。

在传统检测中,刀口仪采用肉眼进行影像辨识,虽然易于进行即时的现场检测,但相对而言也容易因为个人判断上的误差及眼睛的疲劳而产生误判,同时也无法实现定量检测。随着数字取像系统的迅速发展,借由影像的数字化,不仅可以加

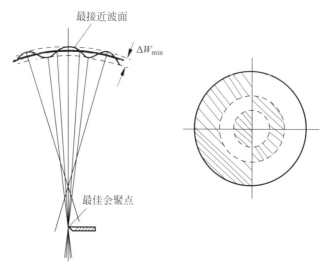

图 6.13　刀口切于最佳会聚点处的阴影图

速检测流程的进行,还可克服上述的缺点。因此将数字取像系统引入到传统刀口仪中,可以提升刀口仪检测精度并能提供配套的量化程序[22]。不过即便有了数字仪器的辅助,刀口阴影法、小光阑法等这类几何光线检测方法其灵敏度仍然不够高,在大口径或高次非球面面型的高精度检测中这类方法的应用仍然不是很广泛。

6.2.4　干涉测量法

干涉测量法是基于光波叠加的原理进行检测的。当两束光满足频率相同、振动方向相同以及初相位恒定的条件时,这两束光叠加在一起就会发生干涉现象,干涉场中会产生明暗交替的干涉条纹,这是干涉场中光程差相同点的轨迹,根据干涉条纹的形状、方向、疏密以及条纹移动等情况,便可以获取被检测面的相关信息。按照光波分光的方法,干涉可分为分波面和分振幅两类[23],分振幅又可分为等倾干涉与等厚干涉,干涉法常用的主要是分振幅式等厚测量技术。

早期的干涉法中,应用较为广泛的为两种经典等厚干涉测量技术——菲索(Fizeau)型干涉测量(图 6.14)和泰曼(Twyman)型干涉测量(图 6.15)。除此之外还发展了不需要标准参考面的剪切干涉测量技术(shearing interferometry)并制成了干涉仪,根据剪切的方式又可分为横向剪切干涉法(图 6.16)、径向剪切干涉法、旋转剪切干涉法和翻转剪切干涉法等。

早期干涉仪主要通过目视观察或附加照相光路拍摄干涉图样,虽然在定量检验上取得了很大的进步,但由于受目测法和照相法的局限已经无法满足高速智能化的工业发展和高精度的测试要求。

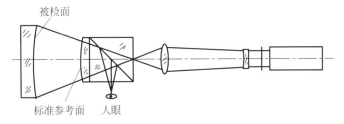

图 6.14　菲索型球面干涉仪光路示意图

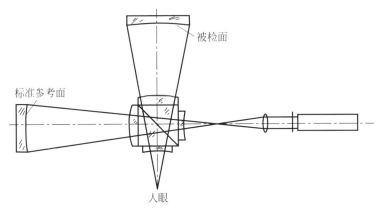

图 6.15　泰曼型球面干涉仪光路示意图

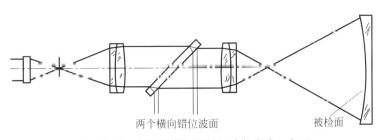

图 6.16　平板型横向剪切干涉仪光路示意图

随着半导体电子技术、高性能计算机等高新科技的发展,激光干涉仪与电子计算机相结合,发展了条纹扫描法(fringe scanning interferometry)、移相干涉术(phase-shifting interferometry)、外差干涉术(heterodyne interferometry)和锁相干涉术(phase-located interferometry)等技术,同时还发展了子孔径拼接、补偿镜等新的辅助检测方法。这极大地推动了干涉测量技术的进步[24]。

如图 6.17 所示为一种典型的激光干涉检测原理[25],激光光源发出的细光束经过扩束系统成为宽口径的平行光束,平行光束经过分光棱镜后被分为两束光波。其中一束射到标准反射镜,经过反射后形成标准平面波;另一束被球面镜会聚成球面波(球面镜相对口径与待检测系统相对口径匹配),补偿器和待测非球面反射镜组成的待测系统把球面波反射回去,与标准平面波形成干涉条纹。在像面前设置 CCD 或是其他积分探测器采集形成的干涉图样信息,CCD 接收到的干涉条纹信息被采集并传输到计算机上,由计算机进行图像叠加和平均、检查修正异样点以及扣除附加像差(由倾斜和离焦等因素引起的)等处理,最终得到的数据可非常直观地反映被测光学元件的表面面型。

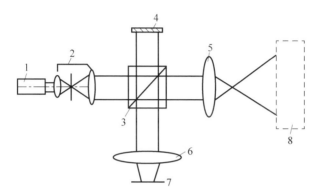

1—光源(HeNe);2—扩束系统;3—分光棱镜;4—标准平面镜;5—标准球面镜;
6—成像物镜;7—CCD 接受靶面;8—待测系统。

图 6.17　激光干涉测量原理

现代干涉仪结合了激光器、新型光电器件和微型电子计算机,使干涉测量技术呈现了前所未有的优势,不仅有很高的灵敏度和准确度,而且扩大了测量范围,在定量检测、精密测量、精密加工和实时测控等诸多领域均获得了广泛应用,已经成为目前高精度定量检测高阶或大口径非球面的主要途径。

干涉法按干涉条纹的不同可分为零位检验法和非零位检验法两大类:零位检验法的实质就是通过辅助镜得到同心光束,有利于光学元件的检测,按辅助镜的不同可分为计算全息法、无像差点法和补偿法;相对应的非零位检验法则可分为剪切干涉、双波长全息法、子孔径拼接法以及欠采样法等。亚利桑那州立大学光学中心的勒纳(Lerner)就基于干涉法提出了两种实际可行的共形窗口光学元件的检测方法,分别是零位检验法和子孔径拼接法。下面分别讨论计算全息法、无像差点法、补偿法这三种零位检验方法和子孔径拼接法的原理,以及这四种方法用于检测共形光学窗口面型的可行性及优缺点。

1. 计算全息法

传统的全息术提供了一种零位检验非球面的方法[26-27]:如果存在一个理想的非球面元件,则可以以全息图的方式把它的波前存储下来,然后把这张全息图再现的非球面波前作为一个基准波前,把待测非球面波前与再现的基准波前进行叠加、比较而获得两个波前的干涉图,这样的全息图就可以作为基准对以后同一类型的非球面进行干涉检测。全息再现的波前总不可能与记录时的波前完全一样,其主要原因是:①再现装置与记录装置的光路结构可能有一定的不同;②记录材料存在变形;③记录材料的基片可能会引入某些像差。

全息法包括光学全息法和计算全息法[26-27]:光学全息法用于检测非球面是由希尔德布兰德(B. P. Hildebrand)和海因斯(K. A. Haines)于 1966 年提出的,但采用这种方法必须要参考非球面的实体,而同时高精度全息图的制作也很困难,因此光学全息法在检测非球面上用处有限;计算全息法(CGH)是由麦克格文(A. J. Macgovern)和怀恩特(J. C. Wyant)于 1971 年提出的,由于它克服了光学全息法中必须有参考非球面实体的难题,可以说是全息法的一个重大突破。计算全息法实验室的检测精度在 20 世纪 80 年代就可以达到十分之一波长,但现在主要还是停留在实验室阶段,实用的非常少,主要原因是高精度的计算全息板制作非常困难。波带板是另一种计算全息图,实际上是一系列同心的不等间隔光栅,由于它具有圆对称性,相对而言,其制作就稍容易些,精度也好保证,现在已成功用于实际工程检测,特别是凸面的检测。

计算全息法是利用数字计算机来综合的全息图,完全不需要理想非球面的存在,只需将非球面波前的数学描述输入计算机进行处理后,用计算机绘图仪输出放大记录,经精密相机缩版制成实用全息图,再将其放入光学再现装置,产生理想非球面的衍射。如果辅以不复杂的补偿系统,即可以对大相对口径、大非球面的非球面元件面型进行检测[28]。如图 6.18 所示为检测一大口径凸非球面元件的检测原理图[29],光束经过照明透镜到达检测镜的 CGH 面时,一部分光束透射至待测凸非球面,照明透镜和检测镜的设计使得入射至待测非球面的光束波面和理想待测非球面相吻合,此光束返回作为检测光束;另一部分光束经过检测镜上的 CGH 面衍射返回,CGH 面的设计使得其中一级衍射光沿原路返回,此级衍射光作为参考光束,并与从理想待测非球面反射回的光束相吻合。检测光束与参考光束的干涉条纹经成像透镜成像,被 CCD 相机记录,通过对 CCD 摄取的干涉图进行分析即可获得待测非球面的面型误差信息。其中位于照明系统焦面处的光阑用于限制杂散衍射级次的传播,消除干涉图中的"鬼影"现象。随着微细加工技术的提高,计算全息板已经可以通过激光直写设备直接刻蚀到熔融石英玻璃上,极大地提高了计算全息板的制作精度,并克服了绘图仪等离散数字设备的空间带宽积的限制。

计算全息法的优点在于参考光束与检测光束完全同路,抗干扰能力强,并且检测凸面时不需要比待测镜面大太多的光学系统,但是同时计算全息板制作的困难也限制了它的实际应用。

2. 无像差点法

无像差点法[23]是利用二次旋转轴对称非球面的几何焦点是一对共轭无像差

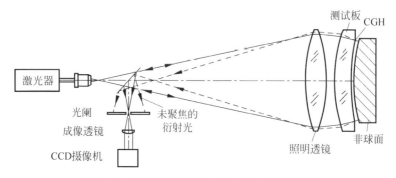

图 6.18　计算全息检测大口径凸非球面原理图

点的性质对某些二次非球面面型进行检测的。其原理是：若待测元件表面是理想二次旋转轴对称曲面，点光源精确置于其中一个几何焦点上，由表面反射的光线形成会聚球面波前，其球心必与另一个几何焦点重合。要实现反射光线与另一几何焦点重合，除凹椭球面不用辅助镜可以实现独立检测和扁球面没有无像差点外，其余二次曲面无像差点均要用到辅助镜，如检测凹抛物面可用平面镜，检测凹双曲面可用球面镜等形成无像差点。这种方法的缺陷在于其对待测表面的面型要求苛刻，故而适用范围较小，只有在对特殊二次非球面面型的检测中才会用到。因此，在共形光学窗口表面面型的检测中，无像差点法只在有限的情况下才能使用。

如图 6.19 所示为无像差点法检测抛物面的示意图[30]。从干涉仪出射的会聚光束经过被测抛物面镜的焦点并被抛物面镜反射后形成平行光束，由标准平面镜反射经原光路返回干涉仪，实际形成的干涉条纹与理想干涉条纹的差异就反映了被测抛物面表面的面型误差。

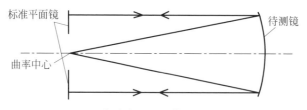

图 6.19　无像差点法检测抛物面原理示意图

无像差点法仅仅适用于反射式二次非球面检测[31]，其实质是研究被测面出射的波前，确定其波前的变形，即与球面波前的理论形状的偏离。但是波前变形的原因不单纯在于被测非球面的加工误差，同时也包括点光源与几何焦点位置的不重合误差即离焦误差，以及辅助镜的加工误差。如果不能将这些误差有效控制，就无法得到被测表面面型质量的可靠结论。所以，确定点光源相对几何焦点的波面变形，即光源位置和辅助镜表面精度容差是无像差点的基本要求。

3. 补偿法

补偿法[30,32]是利用专门设计的补偿器对非球面进行检测的方法,也是目前应用最为广泛的非球面检测方法。其检测原理是利用补偿镜补偿非球面镜,在球心处产生法线像差以得到消像差,即利用补偿器将来自光源的平面波或球面波转换成与被测非球面波前相一致的非球面波,使得补偿后的检测波面与球面相同,从而实现干涉检测,其原理如图 6.20 所示。

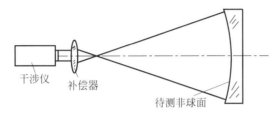

图 6.20　补偿法原理示意图

检测时调整待测非球面镜使其顶点曲率中心与补偿器的焦点重合,如果被测镜是完善的,经过补偿器后的光波达到被检非球面时能与其吻合,反射后原路返回,再次经过补偿器后就成为准直光,当其与参考准直光干涉时就得到理想干涉条纹,实际条纹与理想干涉条纹的差异就反映了被测面的表面误差。

补偿法检测非球面有两类,即光学补偿法和法线像差补偿法。

1)光学补偿法[23]

光学补偿法常用于凸非球面的检测,其主要特点是光线以不同角度入射到被检非球面表面。简便的方法就是将凸非球面看成单透镜的一个面,而另一个面做成工艺球面(特殊情况下是平面),工艺球面满足单透镜消球差要求。当平行光或发散光束入射到校正三级球差的非球面透镜上,其出射光束为会聚的共心光束。这个消球差透镜可做成透射式,即让光线透过单透镜,再用平面反射镜自准后用干涉仪检测,如图 6.21(a)所示;也可做成反射式,即利用单透镜两个面之一反射后进行自准检验,如图 6.21(b)所示。

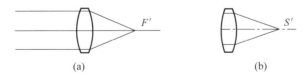

(a)　　　　　　　　　　　　(b)

图 6.21　光学补偿法光路示意图

(a) 透射式光学补偿法;(b) 反射式光学补偿法

透射式光学补偿法基于三级像差原理,若透镜的一个表面是二次曲面,另一个表面是球面,则通过对球面曲率半径的选择,让所产生的球差与已知非球面产生的球差相抵消,可使透镜的二级球差为零。这样消球差透镜可用干涉法或自准法检测,如图 6.21(a)所示。

反射式光学补偿法是把凸非球面作为透镜的一个面,给定中心厚度 d,把另一个面磨成凸(或凹,视 e^2 而定)球面。在取定玻璃牌号后对于给定的单色光选择曲率半径 r。若能使各带法线经 r 面折射或反射后会聚于一点 S',那么在 S' 点放上点光源即可做自准法检测,其光路如图 6.21(b)所示。其实质是将凸非球面各带的法线当作从介质内部射向球面的一束具有球差的轴上光束。

光学补偿法的主要缺点在于:非球面的质量是根据整个透镜的质量评价的,有时透镜质量很高,但并不见得非球面表面质量高,因为这种质量包含了补偿面和材料的综合误差。所以,这种检验方法所能检验凸非球面的大小取决于能否得到大块优质光学玻璃,一般来说,口径 250 mm 以下的镜面容易实现。对于光学均匀性不好或不透明的材料如微晶玻璃、硅或金属材料,该方法则不能应用。

2) 法线像差补偿法[23,33-34]

法线像差补偿法,即通常的利用补偿器检测非球面的补偿法,是检测高精度非球面的一种非常重要的方法,对于大口径(超过 200~250 mm)表面的高精度检验最合理。其原理如图 6.20 所示,当一条光线沿法线射向曲面,则沿原光路反射回来,即使被测镜的法线经补偿镜后变成同心会聚光束,也就是使补偿器产生的球差与被测镜的法线像差相吻合。所以,其特点是使所有光线都垂直入射到被测面上,借助补偿器系统,把平面或球面波变成非球面波,使之与被测面的理论面型重合。

传统的法线像差补偿法必须借助特定的补偿器,且补偿器的应用单一,即只能检验它计算的那个唯一的非球面,另外,对补偿器的设计、加工和装调都有严格要求。此方法适用于较大批量元件和特殊元件(大口径非球面)制造过程的检验。

如果采用高分辨率的 CCD,则不需要完全补偿非球面的法线像差,条纹只需满足 CCD 探测的要求,此时系统本身可以有较大的波像差,这就是部分补偿的思想[35]。部分补偿中,利用 CCD 的高分辨率和计算机的强大数据处理能力,采用光学设计软件计算并存储理论波面,与实际波面比较得到被测面的面型误差。此方法可以简化补偿器的结构并增大特定补偿器的应用范围,但受到 CCD 分辨率的限制,对探测到的干涉条纹间距(波像差的斜率)有要求。

补偿法检测非球面的精确度受到以下几个关键因素的影响[36]。

(1) 补偿器是补偿法检测非球面的核心部件,能否成功设计出补偿器是补偿法检测非球面的关键。不同形式和不同光路结构的补偿器会产生不同的补偿量,其要求的补偿器直径以及可加工性也就大不相同。根据待测非球面相对孔径的不同,补偿器需要被设计成一片、两片或三片甚至更多片数的透镜结构,而需要注意的是,透镜的片数越多,补偿器的加工装调误差对整体检测精度的影响也就越大。

因此,补偿器设计结果的工艺性是其设计中需要考虑的关键因素之一,在设计补偿器的过程中,一定要考虑现实的加工、检测及装调的可能性,良好的工艺性是评价补偿器设计优劣的一个重要指标。

(2) 补偿器光学材料的光学均匀性是指同一块光学玻璃内部折射率的不一致性,常用其内部折射率的最大差值表示。透射光学材料的光学均匀性是其非常重要的质量指标,因为它直接影响透射光学系统出射的波面质量,进而影响系统的光学性能。对于光学材料总厚度为 40 mm 的补偿器,如果所用光学材料光学均匀性为 $\pm 2 \times 10^{-6}$(国家Ⅰ级玻璃标准),其引起的系统波像差 PV 的变化为 0.25λ,波像差 RMS 的变化约为 0.07λ;如果所用光学材料光学均匀性为 1×10^{-6}(肖特最高玻璃标准),其引起的系统波像差 PV 的变化为 0.063λ,波像差 RMS 的变化约为 0.016λ。因此,可以看到光学均匀性高是保证制造出用于检测高精度非球面补偿器合格的前提之一。

(3) 补偿器各个面的加工质量是影响补偿器性能的另一个关键因素,对一般球面的检测来说是比较容易的,但有时为得到理想的检测精度,在补偿器中难免会用到大曲率半径面,目前还很难能高精度检测大曲率半径面,因此大曲率半径面的高精度检测是这类补偿器能否得到实际应用的关键技术之一。

(4) 补偿器和待测元件各自是否位于正确位置同样关系到补偿器的补偿作用能否正常实现,即补偿器使用时的装调是补偿器检测非球面的另一关键因素。补偿器使用时的装调不同于一般球面系统的装调,单纯依靠传统经验的装调很难满足这种高精度检测的需要,尤其对离轴非球面检测时就更为复杂,因此必须引进新的调整方法——计算机辅助分析法。

(5) 补偿器装调后的校检也是保证补偿法正确实施的关键技术之一。对补偿器的校检主要有两种方法:第一种是波带板法,第二种是用金刚石车床车一个合适大小且与被检补偿器匹配的非球面,由于波带板制作工艺上的原因,目前一般采用的是第二种办法。

4. 子孔径拼接法

子孔径拼接[37-39](sub-aperture stitching,SAS)的基本原理是将整个大孔径分割成相互之间有一定重叠区域的若干子孔径,用干涉仪分别测量各部分面型(孔径扫描),然后从重叠区域提取出相邻子孔径的参考面之间的相对平移、旋转、离焦量,并依次把这些子孔径的参考面统一到某一指定的参考面,而后通过拼接即可恢复出全孔径波面。

以两个孔径的拼接为例,如图 6.22 所示[37],W_1 和 W_2 分别是两次子孔径检测的结果,如果用 $W_1(x,y)$ 和 $W_2(x,y)$ 表示测得的两个子孔径的相位值,则它们可写为

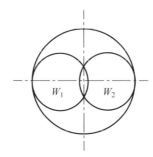

图 6.22　子孔径拼接基本原理示意图

$$\begin{cases} W_1(x,y) = W_{10}(x,y) + T_{x1}x + T_{y1}y + P_1 + D_1(x^2 + y^2) \\ W_2(x,y) = W_{20}(x,y) + T_{x2}x + T_{y2}y + P_2 + D_2(x^2 + y^2) \end{cases} \tag{6.3}$$

式中，W_{10}、W_{20} 分别表示两个孔径的实际相位值，T_{xi}、T_{yi} 分别表示沿 x、y 方向的倾斜量，P_i 表示沿光轴 z 方向的平移量，D_i 表示离焦量。由于重叠区域应具有相同的相位信息，即在重叠区域应有 $W_{10} = W_{20}$，因此在重叠区域式(6.3)可简化为

$$\Delta W(x,y) = \Delta T_x x + \Delta T_y y + \Delta P + \Delta D(x^2 + y^2) \tag{6.4}$$

式中，$\Delta W(x,y) = W_2 - W_1$，$\Delta T_x = T_{x2} - T_{x1}$，$\Delta T_y = T_{y2} - T_{y1}$，$\Delta P = P_2 - P_1$，$\Delta D = D_2 - D_1$。从理论上讲，要想求出两孔径之间相对 x 方向旋转、y 方向旋转、平移和离焦这四个量，只需在重叠区域任取四个不在同一直线上的点，即可求得 ΔT_x、ΔT_y、ΔP、ΔD 的精确解。但由于各种误差的存在，一般要取多个点，用最小二乘法拟合，求取这四个参量，以减小随机误差对拼接精度的影响。

　　按照子孔径排列的方式，子孔径拼接可分为平行模式和同心模式，如图 6.23 所示。平行模式指子孔径以平行模式排列，其拼接效率不高，但由于只要求二维平动定位精度，故其机械实现较为容易；同心模式指子孔径以中心孔径为基准排列，由于其要求待测元件作旋转和平移两维运动，故机械实现难度较大，但其拼接效率

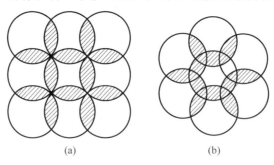

图 6.23　子孔径排列方式

(a) 平行模式；(b) 同心模式

则相对较高。此外,子孔径还可以采取平行模式和同心模式混合排列的方式,这种方式的各方面难易度及精度介乎于前两种方法之间。

子孔径拼接检测(sub-aperture stitching testing,SAT)需要解决的一个关键问题是如何获得高精度的子孔径波前相位数据。子孔径测量方法很多,目前精度较高、技术较成熟、应用最为广泛的是移相干涉技术。

常用的斐索型及泰曼型干涉仪都是以标准波面为参考面的双光束干涉仪,其干涉的光强分布都可表示为

$$I_i(x,y) = a(x,y) + b(x,y)\cos[\Phi(x,y) + \varphi_i], \quad i = 1,2,\cdots,N \qquad (6.5)$$

式中,(x,y) 为被测波面的相位分布函数,$a(x,y)$ 为干涉条纹的背景光强,$b(x,y)$ 为干涉条纹的调制度,φ_i 为参考波面可变相位。从式(6.5)可知,当 φ_i 取 0、$\pi/2$、π、$3\pi/2$ 时,由下式可直接计算出 (x,y):

$$\Phi(x,y) = \arctan\frac{I_4 - I_2}{I_1 - I_3} \qquad (6.6)$$

移相干涉术的关键是通过移相器移相获得多幅干涉图,并由这些干涉图求解出相位分布,目前最通用的移相方法是压电晶体移相法。式(6.6)为著名的四步法,从式(6.6)可知,四步法要求 4 幅干涉图的相位差为 $\pi/2$,但是目前所有的移相器都存在移相误差,即非线性和标定误差。为了解决移相器误差的影响,四步平均法、卡尔(Carre)法、五步法等分别被先后提出,这些算法对移相器误差都有一定的抑制作用。

子孔径拼接检测的精度主要受以下几个关键因素的影响[40]。

(1) 子孔径拼接检测(SAT)所获得的数据是各个子孔径的干涉图和数字化的相位差,测量的最终目的是获得被测表面的全口径的面型数据。每个子孔径在干涉测量时均需要对准与调零,并且非球面的各个子孔径的最佳拟合球面半径是变化的。由于对准与调零运动是不可能精确已知的,子孔径的实际最佳拟合球面半径也是未知的,而单纯地通过高精度调零与对准运动来保证拼接检测精度是不现实的,因此就需要研究如何从算法上消除运动误差等不确定性因素的影响,由子孔径干涉图恢复出正确的全口径面型,即称为子孔径拼接(SAS)算法。SAS 算法是决定 SAT 精度及可靠性的关键。

在子孔径拼接检测的实际应用中,光学元件放置倾斜会不可避免地给整个检测结果带来误差,同时不同子孔径之间由于刚体变换而存在 6 自由度位姿误差,也不可能完全通过消倾斜和消离焦措施来进行补偿。此外,实际检测中也很难保证两个子孔径之间重叠区内的点是严格重合的,即存在采样错移情形,如果简单地依据点到点的一致性误差来实现拼接,则会降低拼接精度及可靠性。因此,就需要研究合适的 SAS 算法来对不同子孔径之间的 6 自由度位姿误差以及最佳拟合球面半径误差进行补偿,而不是单纯的消倾斜和离焦,并且这种算法需要能够自动分析

子孔径数据,以确定不同子孔径之间的重叠点的准确对应关系和相互偏差。

(2) 重叠区域的定位问题是影响拼接精度的主要误差来源。在被测元件与干涉仪作相对移动时会产生一定的误差,使两次子孔径的检测结果并不位于同一个面。但可以利用精密的定位仪器使这种误差控制在干涉仪的空间分辨率以下,这样重叠区域的确定就不会引入很大的误差。

若定位仪器所达到的精度低于干涉仪的空间分辨率,则可以采取特征点的定位方法。因为重叠区域在两次子孔径检测过程中各被检测一次,所以两次的检测应该具有相似的相位信息。在第一个子孔径中,相位值显著的区域在另一个子孔径中其相位值具有同样显著的特征,也就是说,在仪器的初定位前提下可以再利用镜面的特征区域进行精确定位。

(3) 在拼接检测中,重叠区域的大小直接影响到拼接的精度。如果重叠区域过小,则由最小二乘法解得的拼接参数就会丧失精度,由拼接所得到的波面信息就不够精确。重叠区域越大,可以参加计算的拼接因子的采样点就越多,由计算得到的拼接因子的精度就越高。

6.3 共形光学系统零位补偿检测技术

目前,共形光学窗口的零位检验可以有以下几种检测装置[41],如图 6.24 所示:图(a)在窗口前放置一个非球面半月形透镜,窗口后放置一个球面反射镜来补偿波前的非球面性,这种装置的难点在于系统共轴的调整装配;图(b)如果窗口的内表面是某些特殊的二次曲面,则可以利用其特殊的几何特性进行检测,可以把测量用光源放置在二次曲面的远焦点上,把一个球面反射镜放在近焦点上,这样检测光束在球面反射镜上反射后,光源的像就会与光源本身重合,不过这种系统的共轴同样非常严格;图(c)使用一个适当非球面度的非球面反射镜,这种装置易于设计以及共轴调整装配。其中图(b)属于无像差点法,图(a)和图(c)均属于补偿法。

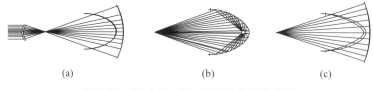

(a)　　　　　　　　　　(b)　　　　　　　　　　(c)

图 6.24　三种共形光学窗口零位检验方法

6.3.1　补偿器的类型

补偿法所用的辅助镜有许多种,较常用的有三种,即镜式补偿器、Dall 补偿器以及 Offner 补偿器。

镜式补偿器[42]是点光源发出的光线经补偿器 M_1 产生的球差与被测非球面 M_2 在曲率中心产生的球差大小相等、符号相反,使得光线由 M_1—M_2—M_1 反射后再会聚于点光源处,则点光源处的三级球差得到平衡。

如图 6.25 所示为补偿器置于被测非球面近轴曲率中心之内时的镜式补偿检测光路图。

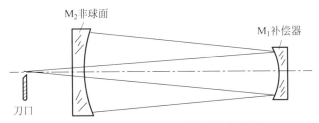

图 6.25　曲率中心之内的镜式补偿检测

如图 6.26 所示是补偿器置于被测非球面近轴曲率中心之外的镜式补偿检测光路图,其中图 6.26(a)是光源为发散光束时的补偿检测光路,图 6.26(b)是光源为平行光束时的补偿检测光路。从图 6.26(a)可以看出,这种检测方法要求光源的发散角大于被测非球面的孔径角,这对大相对孔径的非球面的补偿检测比较困难,而图 6.26(b)所示的用平行光作入射光源则可使测量仪器简单化,但图 6.26(b)的平行光路只适用于椭球面、扁球面和球面。

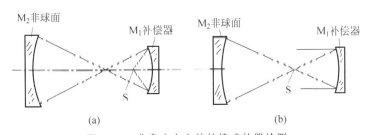

图 6.26　曲率中心之外的镜式补偿检测

(a) 发散光束检测时；(b) 平行光束检测时

Dall 补偿器[43]为一平凸透镜,其零位检验的基本光路如图 6.27 所示。C 为非球面近轴曲率中心,点光源 S 通过补偿器后产生的球差与非球面在近轴曲率中心产生的球差大小相等,符号相反。由补偿器出射的发散光经非球面反射后会聚于刀口处,刀口处的三级球差得到平衡,则补偿后的波面检测与球面相同。

Dall 零位检验光路中,补偿器可以凸面对着光源(图 6.27),也可以平面对着光源。光源和刀口也有两种形式:一种是光源与刀口不在同一点,即光线一次通过补偿器(图 6.27);另一种是光源与刀口在同一点,即光线两次通过补偿器。实

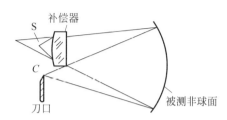

图 6.27　Dall 零位检验光路示意图

际使用中多是用后一种方法。

折射式 Offner 补偿器[44]由补偿镜和场镜两个透镜组成。补偿镜几乎全部补偿非球面产生的球差,场镜则把补偿镜成像在非球面上。点光源 S 发出的光通过补偿镜和场镜再由非球面反射回 S 处,如图 6.28 所示,C 为非球面近轴曲率中心。

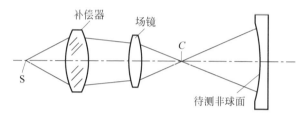

图 6.28　折射式 Offner 检验光路示意图

根据 Offner 补偿器原理,经常使用的结构有如图 6.29 所示的六种形式,最常用的是图 6.29(b)。

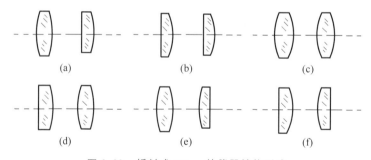

图 6.29　折射式 Offner 补偿器结构形式

反射式补偿器[45]由一块场镜和一块凹球面或非球面反射镜组成,光路中保留小场镜消除高级球差,光路如图 6.30 所示。点光源 S 发出的光束经补偿器反射透过场镜,由被测面反射回到原处,三级球差得到平衡。此光路只适用于椭球面、扁球面和球面被测镜。

Offner 折射式补偿器对光学材料的均匀性和折射率精测误差要求极为严格。而反射式补偿器中,虽然对场镜的材料要求也高,但场镜口径小,对材料选择容易

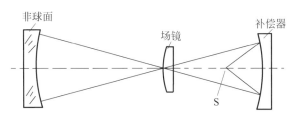

图 6.30　反射式 Offner 检验光路示意图

实现。

前文分析的三种常见的补偿器中：镜式补偿器主要用于检测大型非球面反射镜；Dall 补偿器结构简单，加工容易，对中等以下相对孔径的非球面能提供高精度的补偿；Offner 补偿器结构复杂，装配难度大，但对高次非球面和大相对孔径非球面能提供很好的补偿，而且直径小。因此，对应共形光学窗口这种大口径高陡度的非球面面型，选择 Offner 补偿器最为合适。Offner 补偿器分为折射式与反射式两种，考虑到干涉仪使用平行光束进行检测，因此使用折射式 Offner 补偿器更便于检测系统的设计及装配。

6.3.2　零位补偿检测系统结构参数计算

按照传统 Offner 补偿器的法线像差补偿设计方法，使用待测元件表面作为反射镜返回光路，由于共形窗口元件表面为长径比大于 1 的高陡度非球面面型，这种方法的补偿器设计会非常复杂或者无法实现，且最终检测系统的装调精度也不易确定。因此，美国的雷神公司研究了一种用于共形光学窗口检测的改进型 Offner 补偿器，与传统 Offner 补偿器一样由补偿镜和场镜两个透镜组成，但同时会在待测共形窗口元件后放置一个球面反射镜以返回光路，如图 6.31 所示，利用窗口元件表面作为反射镜返回光路，其目的就在于降低共形窗口检测系统补偿器的设计难度和复杂度，提高检测系统的装调精度。

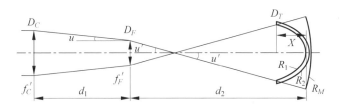

图 6.31　改进型 Offner 零位补偿检测装置光路图

设 x 表示非球面的旋转对称轴，y 表示入射光线在非球面上的高度，则轴对称非球面的子午截面曲线方程[30]为

$$x = \frac{cy^2}{1 + \sqrt{1 - (K_0 + 1)c^2 y^2}} + a_1 y^4 + a_2 y^6 + \cdots \tag{6.7}$$

式中,c 为顶点曲率(即顶点曲率半径 R 的倒数,$c = 1/R$),K 为二次曲面常数($K_0 = -e^2$,e 为曲面的偏心率),a_1,a_2,$\cdots$ 为高次非球面系数。式(6.7)如果只取右边第一项,则为严格的二次曲面,即

$$x = \frac{cy^2}{1 + \sqrt{1 - (K_0 + 1)c^2 y^2}} \tag{6.8}$$

如图 6.31 所示,假定补偿镜和场镜为理想单透镜,f'_F、f'_C、D_F、D_C(D_C 等于干涉仪检测光束口径)分别表示场镜及补偿镜的焦距和口径,R_M 表示球面反射镜的半径(预先给定),D_T、R_1、K_1、x_1、a_{11}、a_{12} 分别表示待测非球面元件内表面的口径、顶点曲率半径、二次曲面常数、纵向长度以及高次非球面系数,d 表示待测非球面元件的厚度,d_1、d_2、d_3 分别表示补偿镜与场镜、场镜与待测非球面元件、待测非球面元件与球面反射镜的间距,u、u' 分别表示场镜的物方孔径角和像方孔径角,则根据式(6.7)得

$$x_1 = \frac{(D_T/2)^2/R_1}{1 + \sqrt{1 - (K_1 + 1)(1/R_1)^2 (D_T/2)^2}} + a_{11}(D_T/2)^4 + a_{12}(D_T/2)^6 + \cdots \tag{6.9}$$

进而可得

$$u' = \arctan \frac{D_T/2}{-R_M - d - d_3 - x_1} \tag{6.10}$$

由 $\tan u' = \dfrac{D_F/2}{d_2 + R_M}$,可得

$$D_F = 2(d_2 + R_M)\tan u' \tag{6.11}$$

进而有

$$\tan u = \frac{(D_C - D_F)/2}{d_2} \tag{6.12}$$

又由 $\tan u = \dfrac{D_C/2}{f'_C}$,可得

$$f'_C = \frac{D_C}{2\tan u} \tag{6.13}$$

由 $n'\tan u' - n\tan u = n'\dfrac{D_F/2}{f'_F}$,可得

$$f'_F = \frac{D_F/2}{\tan u' - \tan u} \tag{6.14}$$

　　根据以上公式推导出补偿镜、场镜的焦距、口径以及相关参数之后,就可以进一步对各透镜面的半径进行推算了。根据 Offner 补偿器的检测原理,假设 S_I^C、S_I^F、S_I^T 分别代表补偿镜、场镜以及待测非球面元件的球差系数,则这些球差系数应满足如下关系:

$$S_I^C + S_I^F + S_I^T = 0 \tag{6.15}$$

　　对于所有曲面来说,其球差系数可通过式(6.16)计算:

$$S_I = \sum (hP) + \sum (h^4 K) \tag{6.16}$$

式中,$P = \left(\dfrac{\Delta u}{\Delta \dfrac{1}{n}} \right)^2 \Delta \dfrac{u}{n}$,$K = -\dfrac{e^2}{R^3} \Delta n$,$h$ 为曲面的孔径大小,Δu 为光线经曲面折(反)射前后光线偏转角度,Δn 为光线经曲面折(反)射前后折射率之差,e 为曲面的偏心率,R 为曲面顶点曲率半径。

　　将通过式(6.16)计算出的各透镜元件的球差系数代入式(6.15)中,并通过设定不同的半径数值进行换算,最终可计算出系统消球差情况下所需的各透镜合适的相关结构参数。

6.3.3　设计实例结果与分析

　　设计实例:共形光学窗口为椭球形窗口(a_{11},a_{12},…高次非球面系数均为零),口径大小为 70 mm,长径比为 1.0,材料为 MgF_2,其他相关的结构参数也均已知。参考 6.3.2 节中的相关计算公式进行推算,即可得到检测系统初始结构参数,根据这一计算结果在光学设计软件中设定补偿器以及整个检测系统的初始结构参数,然后根据系统设计要求进行优化,即可得到检测系统最终的设计结果,最终系统光路如图 6.32 所示,图 6.33 为系统的 MTF 图。

图 6.32　共形光学窗口零位补偿检测系统 I 光路图

　　如图 6.34 所示为检测系统 I 的纵向球差曲线,整个系统球差在 0.005 mm 以下,图 6.35 为检测系统 I 的最终波面图,图中给出了系统最终的残余波像差,PV 为 0.135 5λ,RMS 为 0.039 2λ($\lambda = 632.8$ nm)。按照最终的设计结果制造补偿器,搭设检测光路,并经过精确的共轴装调后,即可根据补偿法的检测原理对待测的共形窗口进行检测。同时通过软件对这一设计结果进行了相应的公差分析,各加工装调相关公差容限见表 6.1。

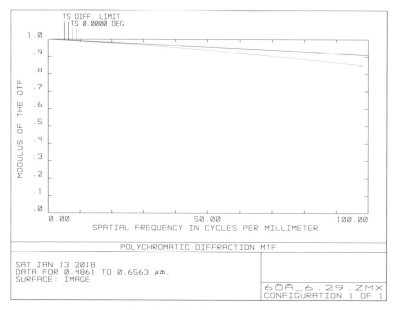

图 6.33　检测系统Ⅰ的 MTF 图

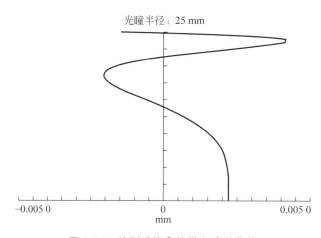

图 6.34　检测系统Ⅰ的纵向球差曲线

表 6.1　公差分析表（系统Ⅰ）

公差类型	公差容限	公差类型	公差容限	公差类型	公差容限
半径	±0.1 光圈	表面不规则度	±0.1 光圈	厚度	±0.01 mm
表面偏心	±0.01 mm	表面倾斜	±0.01°	折射率	±0.000 1
元件偏心	±0.01 mm	元件倾斜	±0.01°	阿贝数	0.1%

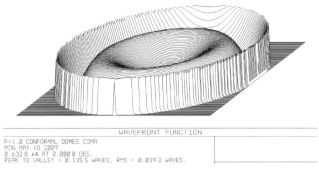

图 6.35　检测系统 I 的最终波面图

　　整个检测系统的标准设计剩余波像差(RMS)为 0.04λ；在以上给定的公差容限内,系统剩余波像差(RMS)90% 概率下小于 0.08λ,50% 概率下小于 0.06λ,10% 概率下小于 0.04λ,均小于(1/10)λ,符合要求的检测精度。

　　公差分析的过程和结果表明,系统对各元件尤其是反射镜面的倾斜和偏心响应非常灵敏,反射镜倾斜 0.001° 即会引入 0.068λ 左右的误差,而 0.001 mm 的偏心则会引入 0.009λ 左右的误差,因此以反射镜面作为基准进行公差分析；系统对于各元件间距的装调精度要求都比较严格,补偿镜与场镜、场镜与被测窗口元件,以及被测窗口元件与反射镜间的间距(厚度)0.01 mm 的变化都会引入 0.01λ ～ 0.025λ 的误差。综上所述,整个检测系统对于公差容限的要求非常严格,因此实际装调中需要高精度的共轴同心调整仪器。

　　在对检测系统初始结构的计算以及后续的优化设计中,可以看到给出的这一共形光学窗口实例所引入的像差为正球差,为了缩小系统总长、减小补偿镜及场镜口径大小,设计过程中用于补偿共形窗口所引入球差的元件为场镜,而非补偿镜(补偿镜起到了减小场镜口径大小的作用)。但是最终的设计结果中场镜曲率偏大,公差分析也表明这种结构形式下场镜的加工精度以及检测系统的装调精度要求均非常严格。

　　因此,基于改进型 Offner 补偿器,在传统补偿检验方法用于凸非球面检测的系统结构计算方法的基础上,推算设计了另一种结构的检测系统,系统没有中间成像点,其他结构与改进型 Offner 补偿器方法相同,按照式(6.8)的推导,即可计算出检测系统的初始结构参数,通过软件的优化,最终得到如图 6.36 所示的检测系统,系统 MTF 如图 6.37 所示。

　　如图 6.38 所示为检测系统 II 的纵向球差曲线,整个系统球差在 0.002 mm 以下,图 6.39 为检测系统 II 的最终波面图,图中也给出了系统最终的残余波像差,PV 为 0.065 6λ,RMS 为 0.017λ(λ = 632.8 nm)。此设计结果经过加工装调后亦可用于所给共形光学窗口实例的检测。

图 6.36　共形光学窗口零位补偿检测系统 Ⅱ 的光路图

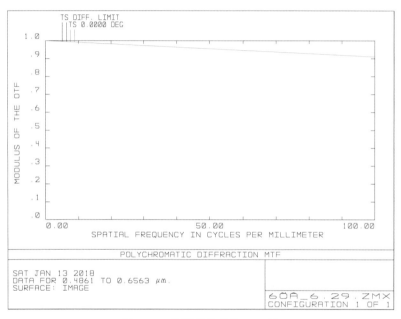

图 6.37　检测系统 Ⅱ 的 MTF 图

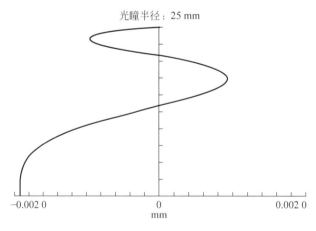

图 6.38　检测系统 Ⅱ 的纵向球差曲线

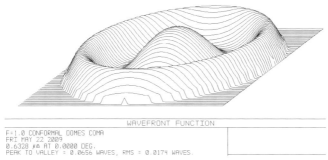

WAVEFRONT FUNCTION
F=1.0 CONFORMAL DOMES COMA
FRI MAY 22 2009
0.6328 μm AT 0.0000 DEG.
PEAK TO VALLEY = 0.0656 WAVES, RMS = 0.0174 WAVES.

图 6.39　检测系统 Ⅱ 的最终波面图

此检测系统的缺点在于没有中间成像点,不利于整个检测系统的装调。但此结构的检测系统的总长短,且系统剩余波像差小,光学性能更优于系统 Ⅰ。

同样通过光学软件对检测系统 Ⅱ 进行了相应的公差分析,各加工装调相关公差容限见表 6.2。

表 6.2　公差分析表(系统 Ⅱ)

公差类型	公差容限	公差类型	公差容限	公差类型	公差容限
半径	±0.5 光圈	表面不规则度	±0.5 光圈	厚度	±0.05 mm
表面偏心	±0.01 mm	表面倾斜	±0.01°	折射率	±0.000 1
元件偏心	±0.01 mm	元件倾斜	±0.01°	阿贝数	0.1%

整个检测系统的标准设计剩余波像差(RMS)为 $0.016\ 668\lambda$;在以上给定的公差容限内,系统剩余波像差(RMS)90% 概率下小于 $0.066\ 65\lambda$,50% 概率下小于 $0.047\ 31\lambda$,10% 概率下小于 $0.030\ 78\lambda$,均小于 $1/10\lambda$,符合要求的检测精度。

公差分析的过程和结果表明,系统对元件的倾斜尤其是反射镜面(即第八面)的倾斜响应最为灵敏,在反射镜倾斜 $0.005°$ 的情况下即会引入 0.057λ 左右的误差,因此公差分析中同样选取反射镜为基准;此外场镜 0.01 mm 的偏心也会引入 0.02λ 左右的误差。

综上所示,相对于检测系统 Ⅰ,检测系统 Ⅱ 的加工难易度和可装调精度都有较明显的提高,且系统总长更短。但第二种检测方法由于没有中间成像点,在实际装调过程中会增加系统的装调难度和复杂度,因此这两种检测方法的选择应当视实际检测情况确定。

6.4　共形光学系统子孔径拼接检测技术

6.3 节介绍的零位补偿检验方法是针对共形光学窗口元件整体进行检测的,最终的检测结果只能表明共形窗口的光学特性符合系统的理想设计结果,并不能保证其单一面型符合原始的设计面型,即不能保证共形窗口具备理想设计的空气动力学性能,对于长径比大于1的高陡度非球面,很难使用传统补偿检验方法一次性检验全孔径的面型。本节主要介绍如何采用子孔径拼接的方法检测共形窗口。

6.4.1　子孔径的划分

子孔径拼接检测中的首要问题是如何划分子孔径,根据所使用子孔径形状的不同,子孔径拼接可分为圆形子孔径、环形子孔径和矩形子孔径拼接。

圆形子孔径拼接[46-47]的基本原理如图 6.40 所示。通过计算机精确控制、移动、旋转、摆动干涉仪或被测非球面,使干涉仪出射波面法线与被测区域法线近似重合,从而使干涉仪出射的参考波前的曲率中心与所测区域的顶点曲率中心重合,这样入射到被测区域的光线就能够近似地沿原路返回。用干涉方法分别测量整个大口径光学非球面元件的一部分圆形区域(称为圆形子孔径),并使各子孔径间稍有重叠。从测量的相位数据中消除相邻子孔径之间的相对装调误差(平移、倾斜、离焦等),把所有的子孔径测量数据统一到同样的参考面上,然后再从有统一基准的子孔径中采集多个离散的位相数据,并将其与全孔径泽尼克多项式进行最小二乘拟合,从而可以得到全口径的面型信息。

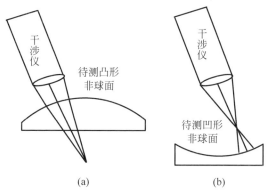

图 6.40　圆形子孔径示意图

(a) 检测凸形非球面;(b) 检测凹形非球面

圆形子孔径拼接应用得最为广泛,主要用于大口径平面、球面以及面型变化不大的非球面的检测。

环形子孔径拼接[48-49]的实验装置如图 6.41 所示。其基本原理是通过沿光轴方向移动干涉仪或被测非球面,改变它们之间的距离,产生不同曲率半径的参考球面波前来匹配被测非球面不同的环带区域(称为环形子孔径),从而使被测元件相对于波前的斜率差减小到干涉仪允许的测量范围内,用干涉方法分别测量各个环形子孔径区域,并使各个子孔径间有一定的重叠。从测量的相位数据中消除相邻子孔径之间的相对装调误差(平移、倾斜和离焦等),把所有的子孔径测量数据统一到相同的基准上,然后再从有相同参考的子孔径中采集多个离散的相位数据,并将其与全孔径泽尼克多项式进行最小二乘拟合,就能够得到整个孔径的面型信息。

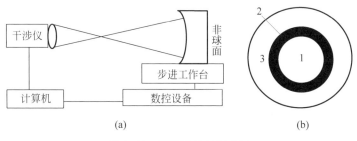

图 6.41　环形子孔径示意图

环形子孔径拼接主要用于旋转对称的大口径非球面的检测,尤其是可以检测偏离度较大的高陡度非球面,是未来非球面检测的重要发展方向。

矩形子孔径拼接[50]主要用于矩形光学元件的拼接检测,其测量原理与圆形子孔径类似。由于矩形孔径间有较大的重叠面积,因此拼接效率最高,同时矩形区域也方便图像及数据的处理。其缺点在于需要专门设计矩形元件以配合检测。

经过对子孔径划分的分析可以看到,对于共形光学窗口的子孔径拼接检测,最为合适的应为环形子孔径拼接检测方法。采用环形子孔径拼接检测,首先需要划分好子孔径,对应不同口径、不同相对孔径的非球面的会有不同数目子孔径的划分,对此有[45]

$$M - \frac{D}{256F^2 N\lambda} + 1 \qquad (6.17)$$

式中,D 为待测非球面口径,F 为待测非球面相对孔径的倒数,N 为 CCD 探测器像元数,λ 为干涉仪检测光束波长。

设计椭球形共形光学窗口实例内表面口径为 70 mm,F 为 2,根据式(6.17)计算可得 $M \approx 1.844$,即可知检测此共形窗口时子孔径划分数目为 2 时最佳,如图 6.41(b)所示,1、2 组成中心区域,检测半径为 0~27 mm,可采用传统的法线像差补偿法检测;2 和 3 为待测面的剩余环形区域,检测半径为 26~35 mm,这一区域需要采用环状光束检测。下面分别讨论这两个子孔径的检测方法。

6.4.2　中心区域检测系统的设计

非球面法线像差[30]定义如下:非球面上各点处的法线与光轴的交点到非球面顶点曲率中心的距离。如图 6.42 所示为非球面法线像差的示意图,其中 C_0 是非球面的顶点曲率中心，C 为非球面上一点 $P(x,y)$ 的法线与光轴的交点，R 为非球面的顶点曲率半径，φ 为非球面的法线角。

此非球面法线像差可通过下式计算，若待测非球面有高次项，则可通过式(6.7)关于 x 求导即可求得 y，进而可求得 φ：

$$\delta R = x + y/\tan\varphi - R \tag{6.18}$$

由式(6.7)及式(6.18)可知，法线像差是与非球面口径大小相关的函数，不同口径对应不同的非球面法线像差。在用法线像差补偿法检验非球面时，需要光线沿着非球面法线方向传播，计算出非球面不同孔径高处的法线与光轴的交点位置和角度，由此即可推算出补偿器的相关结构参数。

如图 6.43 所示，若此非球面为二次曲面，根据解析几何方法分析，设 e 为该非球面的偏心率，即有法线像差为

$$\delta R - x \cdot e^2 \tag{6.19}$$

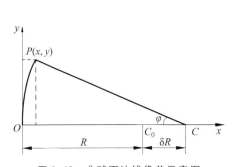

图 6.42　非球面法线像差示意图

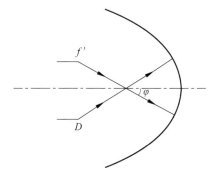

图 6.43　中心区域补偿系统简图

同时有

$$\varphi = \arctan \frac{y}{R - (1-e^2)x} \tag{6.20}$$

图 6.43 中，f' 和 D 分别表示补偿系统的焦距和口径，即有

$$f' = \frac{D}{2\tan\varphi} \tag{6.21}$$

对于给定的共形窗口内表面，待检测中心区域半径为 $0\sim27$ mm，其他曲面参数均已知，根据式(6.21)可计算出补偿系统的焦距。在给定补偿镜与场镜以及场镜与待测非球面的间距的情况下，即可计算出补偿镜和场镜的焦距，再根据消球差公式(6.15)和式(6.16)可推算出补偿系统的初始结构参数，最后通过光学设计软件进行优化即可得到最终的检测系统，系统光路如图 6.44 所示，系统 MTF 如图 6.45 所示。

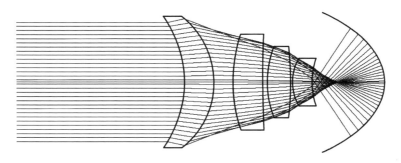

图 6.44　共形光学窗口内表面中心区域(0～27 mm)补偿检测系统光路图

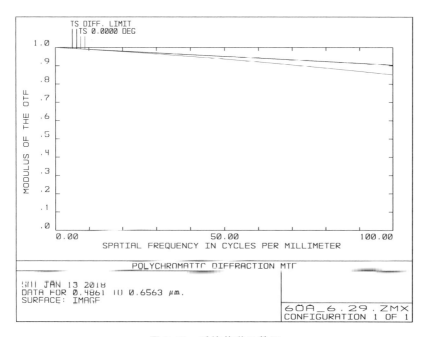

图 6.45　系统传递函数图

如图 6.46 所示为检测系统的纵向球差曲线,整个系统球差在 0.05 mm 以下,图 6.47 为检测系统的最终波面图,图中给出了系统最终的残余波像差,PV 为 0.188 1λ,RMS 为 0.037 7λ(λ=632.8 nm)。按照最终设计结果制造补偿器,再经过精密装调后,即可根据补偿法的原理检测共形光学窗口内表面的中心区域。

同时对这一补偿检测系统进行相应的公差分析,相应公差容限见表 6.3。整个检测系统的标准设计剩余波像差(RMS)为 0.03λ;在给定的公差容限内,系统剩余波像差(RMS)90%概率下小于 0.09λ,50%概率下小于 0.07λ,10%概率下小于 0.04λ,均小于 1/10λ,符合要求的检测精度。

227

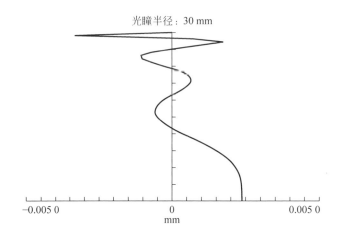

图 6.46　系统的纵向球差曲线

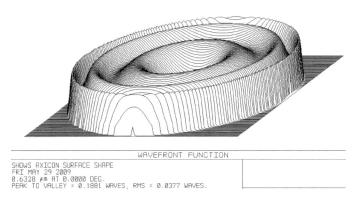

图 6.47　中心区域补偿检测系统的最终波面图

表 6.3　公差分析表

公差类型	公差容限	公差类型	公差容限	公差类型	公差容限
半径	±0.2 光圈	表面不规则度	±0.1 光圈	厚度	±0.005 mm
表面偏心	±0.01 mm	表面倾斜	±0.01°	折射率	±0.000 1
元件偏心	±0.01 mm	元件倾斜	±0.01°	阿贝数	0.1%

　　公差分析的过程和结果表明,系统对元件的偏心响应非常灵敏,补偿镜和待测非球面镜 0.001 mm 的偏心就会引入 $0.02\lambda \sim 0.03\lambda$ 的误差,因此公差分析中选取待测非球面镜为基准;此外,系统对补偿元件的加工精度要求同样严格,个别表面 0.001 mm 的偏心就会引入 $0.02\lambda \sim 0.03\lambda$ 的误差。综上所述,整个检测系统对于公差容限的要求非常严格,因此实际加工装调中均需要高精度的仪器。

6.4.3　环形区域检测系统的设计

对于待测共形窗口内表面的中心区域采用补偿检验方法,但对于剩余的环形区域,由于共形窗口长径比大于1,其内表面是典型的高陡度非球面,法线角一般均大于$60°$,甚至可能大于$80°$,根据法线像差补偿原理设计传统结构的检测系统将很难或无法检验这一环形区域。因此,这就需要在环形拼接检测的前提下,寻找一个合适可行的系统结构产生环形光束对剩余区域进行检测。

麦克劳德(J. H. McLeod)在1954年提出了锥镜(axicon)元件[51],并研究了锥镜在光学领域中的使用[52]。如图6.48所示分别为一束平行光通过锥形透镜(图(a))和锥面反射镜(图(b))后形成了一个环形光束。

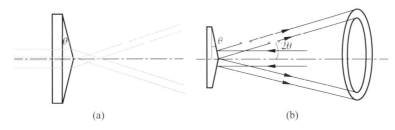

图 6.48　锥镜光路示意图
(a) 锥形透镜;(b) 锥面反射镜

基于锥镜的特性,采取了补偿系统加双锥面反射镜的结构来产生环形检测光束,补偿系统用于平衡待测共形窗口的内表面球差,如图6.49所示。设f'_F、f'_C、D_F、D_C(D_C等于干涉仪检测光束口径)分别表示场镜及补偿镜的焦距和口径,D_T、R_1、K_1分别表示待测非球面元件内表面的口径、顶点曲率半径、二次曲面常数,φ表示待测非球面元件内表面上点(x_1,y_1)的法线角,f'表示补偿系统的焦距,α、β分别表示锥面反射镜1和2的锥侧顶角(预先给定),u、v分别表示光线经过锥面反射镜反射时光线偏转角的一半,w表示补偿系统的像方孔径角。

根据式(6.19)可以计算出法线像差δR和法线角φ,进而有

$$\begin{cases} u = \varphi - \beta \\ v = \varphi - \alpha - 2\beta \end{cases} \tag{6.22}$$

$$w = \varphi - 2(\alpha + \beta) \tag{6.23}$$

$$f' = D_F/2\tan\omega \tag{6.24}$$

式(6.22)说明:两个锥面反射镜的锥侧顶角之和必须小于待测非球面上点(x_1,y_1)的法线角,补偿系统光轴偏转角度为$2(\alpha+\beta)$。

假定补偿系统光束会聚于锥面反射镜2中心处,则在给定锥面反射镜间间距d以及锥面反射镜与待测非球面间间距d_0的情况下,可以根据所得的u、v和w这三

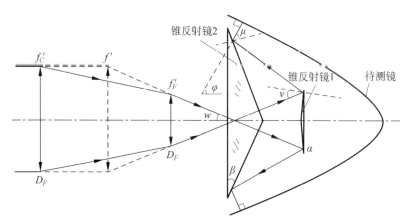

图 6.49　环形光束检测系统光路示意图

个角度对锥面反射镜的半口径(h_1, h_2)以及可测的非球面环面半径(h_{max}, h_{min})进行推算

$$\begin{cases} h_1 = d\tan\omega \\ h_2 = h_1 + h_1\tan(\varphi - 2\beta) \end{cases} \quad (6.25)$$

$$h_{max} = h_2 + (d_0 - x)\tan\omega \quad (6.26)$$

当 w 为零时,可认为此时为所能检测的最小环面半径,可根据此时所对应的 ϕ 即 $2(\alpha + \beta)$ 以及相应的非球面方程式推算出对应的待测非球面孔径高度 h_{min}。

根据式(6.24)计算出补偿系统的焦距 f' 后,预先给定补偿镜与场镜以及场镜与锥面反射镜 2 的间距,即可推算出补偿镜和场镜的焦距。再根据补偿法平衡系统球差的原理,利用消球差公式(6.15)和式(6.16)即可推算出补偿镜及场镜的各初始结构参数,将其输入光学软件中,按照系统设计要求进行优化可得到最终的补偿系统结构,其光路如图 6.50 所示,系统 MTF 如图 6.51 所示。

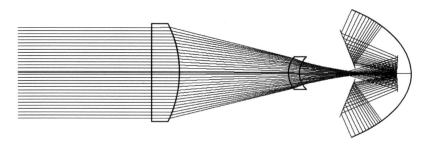

图 6.50　环形区域检测系统光路图(半径为 26～35 mm)

如图 6.52 所示为环形区域检测系统的最终波面图,图中也给出了系统最终的残余波像差,PV 为 $0.185\,5\lambda$,RMS 为 $0.036\,7\lambda(\lambda = 632.8\ \text{nm})$。按照最终的设计

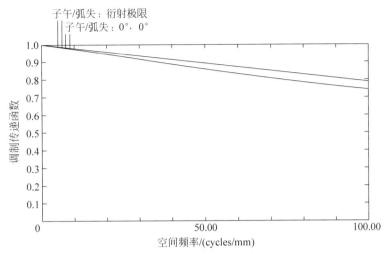

图 6.51 环形区域检测系统的传递函数图

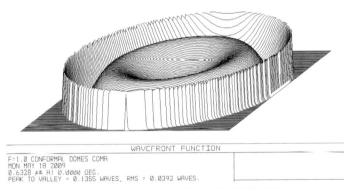

图 6.52 环形区域检测系统的最终波面图

结果制造补偿器,搭设检测光路,并经过精确的共轴装调后,即可对所给共形光学窗口内表面的剩余区域(半径为 $26\sim35$ mm)进行检测。

通过光学软件对这一环形区域检测系统进行公差分析,公差容限见表 6.4。整个检测系统的标准设计剩余波像差(RMS)为 0.056λ,在以上给定的公差容限内,系统剩余波像差(RMS)90%概率下小于 0.430λ,50%概率下小于 0.376λ,10%概率下小于 0.359λ,均大于 $1/10\lambda$。

表 6.4 公差分析表

公差类型	公差容限	公差类型	公差容限	公差类型	公差容限
半径	±0.1 光圈	表面不规则度	±0.1 光圈	厚度	±0.001 mm
表面偏心	±0.001 mm	表面倾斜	±0.001°	折射率	±0.000 01
元件偏心	±0.001 mm	元件倾斜	±0.001°	阿贝数	0.1%

公差分析的过程和结果表明,在给定非常严格的公差容限下,由于引入了锥面反射镜调整光轴和生成环形光束,并且加入了补偿系统平衡系统球差,这种检测系统对于元件的偏心和倾斜需要非常严格的装调精度,对于元件的加工精度要求也非常高。补偿镜或场镜 0.001° 的倾斜误差或 0.001 mm 的偏心误差即会引入 0.32λ 左右的波前误差;补偿镜或场镜任一面有 0.001° 的倾斜误差或 0.001 mm 的偏心误差同样会引入 0.32λ 左右的波前误差。因此,此结构的检测系统需要高精度的加工设备和装调仪器。

6.5 国内共形光学系统样机

在共形导引头样机系统的方案设计中,国内的研究工作多采用低折射率的多晶氟化镁整流罩和固定校正板的像差校正方案。2016 年,中国空空导弹研究院在公开文献[55]中报道了基于蓝宝石的大视场共形导引头光学系统的设计方法,对共形光学系统视场外杂散光屏蔽处理方法的研究工作尚未见详细具体工作的开展。目前,中国科学院长春光学精密机械研究所和中国空空导弹研究院已完成了不同设计条件的红外共形导引头样机[53]。如图 6.53 所示为中国科学院长春光学

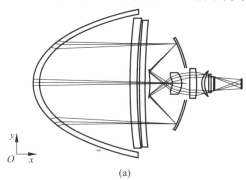

(a)

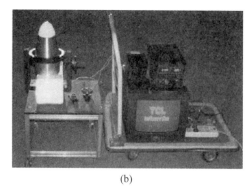

(b)

图 6.53　中国科学院长春光学精密机械研究所研制的共形导引头光学系统及样机[53]

精密机械研究所研制的共形导引头样机系统,该中波红外导引头采用了长径比为1,口径为 203 mm 的共形整流罩外形,热压氟化镁整流罩实际几何长径比小于0.8,光学系统焦距为 120 mm,通光口径为 60 mm,瞬时视场为 3.6°。该系统室外对民航飞机有较好的跟踪成像效果,如图 6.54 所示,但该系统受光机结构和探测器结构尺寸等条件的限制其搜索跟踪视场小于±30°。

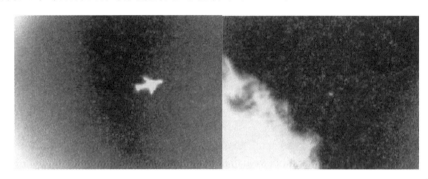

图 6.54　中国科学院长春光学精密机械研究所共形导引头室外对民航飞机的成像效果[53]

如图 6.55 所示为中国空空导弹研究院研制的采用多晶氟化镁整流罩的红外共形导引头样机系统[54],整流罩长径比为 1,光学系统搜索跟踪视场为 ±55°。图 6.56 为该单位设计的基于蓝宝石整流罩的大视场共形导引头光学系统[55],宝石整流罩长径比为 1,光学系统搜索跟踪视场为 ±60°。

图 6.55　中国空空导弹研究院研制的共形导引头样机系统[54]

在红外整流罩新材料研制和高陡度共形整流罩超精密成型方面,烁光特晶科技有限公司已掌握了高纯、超细尖晶石原料的制备和透明多晶体的热压/烧结工艺结合热等静压的技术,并建立了尖晶石原料制备生产线和尖晶石热压工艺实验室。中国科学院上海硅酸盐研究所已制备出氮氧化铝和尖晶石材料的共形整流罩毛坯,如图 6.57 所示,但工艺稳定性、材料性能以及大尺寸毛坯制备水平等方面相对于国外尚有待进一步改进。

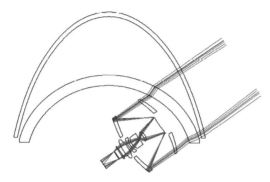

图 6.56　中国空空导弹研究院设计的共形导引头光学系统[55]

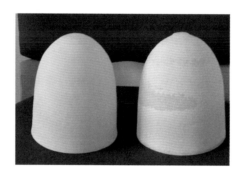

图 6.57　中国科学院上海硅酸盐研究所制备的氮氧化铝共形整流罩毛坯

参考文献

［1］　FESS E,SCHOEN J,BECHTOLD M,et al. Ultra form finishing［C］. Orlando,Florida,
　　　USA：Proc. SPIE,2005,5786：305-309.

［2］　HU H,DAI Y,GUAN C,et al. Deterministic manufacturing technologies for polycrystalline
　　　magnesium fluoride conformal domes［C］. Dalian,China：Proc. SPIE,2010,7655：765526：1-6.

［3］　孙赤全,王朋,回长顺,等.共形光学整流罩的加工与检测技术综述［J］.导航与控制,2014,
　　　(4)：73-78.

［4］　ARIC S,WILLIAM K,MARC T. Deterministic,precision finishing of domes and conformal
　　　optics［C］. Orlando,Florida,United States：Proc. SPIE,2005,5786：310-318.

［5］　张学成,徐榕,刘丽.保形光学在导引头中的应用［J］.兵工自动化,2009,29(4)：31-37.

［6］　袁志刚,唐才学,郑楠,等.磁流变数控抛光技术研究［J］.制造业自动化,2013,35（1）：
　　　48-51.

［7］　秦北志.特种钕玻璃元件的磁流变加工技术的研究［D］.南京：南京理工大学,2013.

［8］　焦路路,郭忠达,郭海洋.小型磁流变抛光装置的设计与探究［J］.电子测试,2013,14：
　　　23-24.

[9]　张峰. 磁流变抛光技术的研究[D]. 长春：中国科学院长春光学精密机械与物理研究所，2000.

[10]　BENNETT J M，ELINGS V，KJOLLER K. Recent developments in profiling optical surfaces[J]. Applied Optics，1993，32(19)：3442-3447.

[11]　ZHOU Z，ZHANG T，ZHOU W，et al. Profilometer for measuring superfine surfaces[J]. Opt. Eng. ，2001，40(8)：1646-1651.

[12]　倪颖. 小型非球面轮廓测量仪的原理和应用[D]. 苏州：苏州大学，2003.

[13]　罗国良，贾立德，尹自强. 高陡度保形光学镜面拼接测量误差分析与建模[J]. 航空精密制造技术，2008，(4)：6-10.

[14]　LEE W B，CHEUNG C F，CHIU W M，et al. An investigation of residual form error compensation in the ultra-precision maching of aspheric surfaces[J]. Journal of Materials Processing Technology，2000，99：129-134.

[15]　HILL M，JUNG M，MCBRIDE J W. Separation of form from orientation in 3D measurement of aspheric surface with no datum[J]. International Journal of Machine Tools & Manufacture，2002，42(4)：457-466.

[16]　谢高容. 非球面镜片面型检测技术综述[J]. 光学仪器，2007，29(2)：87-90.

[17]　张晓青，祝连庆，董明利. 一种测量非球面光学零件面型的新方法[J]. 工具技术，2001，35(4)：24-27.

[18]　朱秋冬，郝群. 激光束偏转法非球面面型测量和计算[J]. 光学技术，2002，28(1)：22-27.

[19]　张斌，王鸣，马力. 非球面的光学测试技术[J]. 南昌大学学报，2003，25(2)：51-54.

[20]　苏大图. 光学测试技术[M]. 北京：北京理工大学出版社，1996.

[21]　袁昌军. 刀口定量检验技术的研究[J]. 光学学报，1999，19(6)：845-851.

[22]　张艳，张蓉竹，董军，等. 微光学元件面型的数字刀口检测技术[J]. 强激光与粒子束，2004，16(2)：137-140.

[23]　普里亚耶夫. 光学非球面检验[M]. 杨力，译. 北京：科学出版社，1982.

[24]　张孟伟，陈凯斌. 大口径高次非球面高精度面形检测方法探讨[J]. 光电工程，1999，26(S1)：1-6.

[25]　杨力. 先进光学制造技术[M]. 北京：科学出版社，2001.

[26]　MACGOVERN A J，WYANT J C. Computer generated holograms for testing optical elements[J]. Appl. Opt. ，1971，10(3)：619-624.

[27]　REICHELT S，PRU C，TIZIANI H J. Absolute testing of aspheric surfaces[C]. St. Etienne，France：Proc. SPIE，2004，5252：252-261.

[28]　常军，李凤友，翁志成，等. 用计算全息法检测大口径凸非球面的研究[J]. 光学学报，2003，23(10)：1266-1268.

[29]　BURGE J H，ANDERSON D S. Full aperture interferometeric test of convex secondary mirrors using holographic test plates[C]. Kailua Kona HI，United States：Proc. SPIE，1997，2199：181-192.

[30]　潘君骅. 光学非球面的设计、加工与检验[M]. 北京：科学出版社，1994.

[31]　余景池，孙侠菲，郭培基，等. 光学元件检测技术的研究[J]. 光电工程，2002，29(S1)：15-18.

[32] 张权,张璞扬,郝沛明,等.大型非球面镜的加工和检测[J].光学技术,2001,27(3): 204-208.

[33] MACK S,RICH T,WEBB J,et al. Error separation technique for microlithographic lens testing with null configurations[C]. Santa Clara,CA,United States: Proc. SPIE,2001, 4346: 1328-1339.

[34] KREMER R M,DEBOO B,SASIAN J M. Null corrector design for white light scatterplate interferometry on a large conic surface[J]. Opt. Eng.,2002,41(11): 2869-2875.

[35] 刘惠兰,郝群,朱秋东,等.利用部分补偿透镜进行非球面面型测量[J].北京理工大学学报,2004,24(7): 625-628.

[36] 郭培基.补偿法检测非球面的若干关键技术研究[D].长春:中国科学院长春光学精密机械与物理研究所,2000: 6-8.

[37] 张蓉竹,杨春林,许乔,等.使用子孔径拼接法检测大口径光学元件[J].光学技术,2001,27(6): 516-517.

[38] 王孝坤,王丽辉,郑立功,等.子孔径拼接技术在大口径高陡度非球面检测中的应用[J].强激光与粒子束,2007,19(7): 1144-1148.

[39] FLEIG J,DUMAS P,MURPHY P,et al. An automated subaperture stitching interferometer workstation for spherical and aspherical surfaces[C]. San Diego,California, United States: Proc. SPIE,2003,5188: 296-307.

[40] 李新南,张明意.大口径光学平面的子孔径拼接检验研究[J].光学技术,2006,32(4): 514-517.

[41] LERNER S A,GUPTA A,SASIAN J M,et al. The use of implicitly defined aspheric null correctors for the testing of conformal optical elements[C]. Québec. Canada: Optical Fabrication & Testing,2000,OTuCZ=103-105.

[42] 伍凡.非球面零检验的镜式补偿器设计[J].应用光学,1995,16(4): 10-13.

[43] 伍凡.非球面零检验的 Dall 补偿器设计[J].应用光学,1993,14(2): 9-12.

[44] 伍凡.非球面零检验的 Offner 补偿器设计[J].应用光学,1993,14(3): 8-12.

[45] 伍凡.非球面零检验的反射式 Offner 补偿器设计[J].应用光学,1998,19(5): 13-16.

[46] 王孝坤,张学军.子孔径拼接检测非球面的初步研究[J].光学技术,2006,32(5): 673-681.

[47] YANG Y,LIU D,SHEN Y,et al. Study on testing larger asphericity in non-null interferometer[C]. Beijing,China: Proc. SPIE,2007,6834: 68340T.

[48] 侯溪,伍凡,吴时彬,等.使用环形子孔径拼接检测大口径非球面镜[J].光学技术,2005,31(4): 506-508.

[49] WANG X,WANG L,ZHENG L,et al. Annular sub-aperture stitching interferometry for testing of large aspherical surfaces[C]. Beijing,China: Proc. SPIE,2008,6624: 66240A.

[50] 侯溪,伍凡,杨力,等.子孔径拼接干涉测试技术现状及发展趋势[J].光学与光电技术,2005,3(3): 50-53.

[51] MCLEOD J H. The axicon: a new type of optical element[J]. J. Opt. Soc. Am.,1954,18: 592-597.

［52］　MCLEOD J H. Axicons and their uses［J］. J. Opt. Soc. Am. ,1960,50：166-169.

［53］　魏群,王超,姜湖海,等.中波红外弹载共形光学系统研制［J］.红外与激光工程,2015,42
　　　　（5）：1298-1301.

［54］　孙金霞,李贤兵,武伟,等.共形导引头光学系统设计及其 MTF 测试［J］.光电工程,2016,
　　　　43(5)：47-58.

［55］　武伟,潘国庆,孙金霞.无热化保形光学系统设计［J］.航空兵器,2016,1：55-59.

索　引